明日なき原発
原発のある風景
増補新版

柴野徹夫
Tetsuo SHIBANO
協力❖安斎育郎

未來社

明日なき原発――『原発のある風景』増補新版　目次

第一部　原発暴走——日本が危ない

第二部　『原発のある風景』再録

装幀——高麗隆彦

明日なき原発——『原発のある風景』増補新版

註記

第一部収録の緊急インタヴューと対談は福島原発事故を受けて、二〇一一年四月二十五日に京都の安斎科学・平和事務所にて行なわれたものです。さらに柴野論文と安斎講演を新たに追加しました。いずれも校正の過程において、五月三十一日までの原発問題をめぐる最新の情勢をふまえた加筆・修正が加えられていることをお断りしておきます。

第二部には『原発のある風景』上巻より第一章と第四章、下巻より第五章と第九章の一部を収録しました。また、上巻にお寄せいただいた推薦文と各巻章末のコラムを付録として再構成しております。

第一部　原発暴走——日本が危ない

この国はどこへ行こうとするのか

――「核・原発依存」は、きっぱりやめるとき　「憲法」を道標にふるさとの復興・再建へ

柴野徹夫

あの遠いざわめきを　だれが聞き分けられよう
ひとつの世界が　生まれ出るのか
それとも　未来が　死んでゆくのか
ルイ・アラゴン「七月の夜」（詩集『フランスの起床ラッパ』所収）から

世紀の危機！

衝撃……。まさに危機である。肌あわ立つ不安……。東日本大震災・大津波、福島原発災害！続々の惨状、地獄絵図……。連日連夜のテレビ映像に釘付けになり、恐怖、衝撃を通り越し、目くらみ、夢の中にいるようだ。悪夢なら醒めてほしい……。

大地が沈むような激震。すべてを飲み込んでゆく巨大な津波。その爪痕のあまりの惨状。逃げ惑う人たち、子ども、老人たち。家も畑も奪われ、追い立てられた避難地の窮状――まさに流浪の民、明日をも知れぬ難民の群れ。原発崩壊……。そんな言葉が脳裏に点滅する。

体育館で何人かの老人が、呆然と「いづが見だ景色と同《おな》ずだ……」「戦争みでだな……」と呟いていた。おそらくは、かつて同じ惨状を見た老人自身の直感的な呟きだったろうが、その意味は重く深

い。そう、この現実こそ、戦後の国家・権力がもたらした「戦時、有事」なのだ。この危機の本質をこそ読み取らねばならない。

災害は社会の断面・実相を瞬時に浮き彫りにする。そのことに驚いている余裕さえいまはない。これが現実であり、これからだ。この破滅的状況から、この国をさらに滅ぶに任せるのか？　それとも、あるべき復興・再建に向かうのか？　いったいこの国は、どこへ向かおうとしているのだろうか？

わずか七十年余のぼく自身の人生の時間の流れは、いったい何度「この世の黙示録の始まり」、その節目を見せてくれることか。地獄のような戦争と戦時下の銃後の暮らし。沖縄戦。二度にもわたる原爆投下。そして敗戦。水爆実験の被災。沖縄の米軍巨大要塞化。朝鮮戦争につぐヴェトナム戦争。戦争特需。原発導入・やがて林立。乱開発。自然破壊。公害。「高度経済成長政策」。複合汚染。地球温暖化。米スリーマイル島原発事故。オイル・ショック。ソ連チェルノブイリ原発事故。バブル景気。核拡散。湾岸戦争。相次ぐ恐慌。９・１１事件。アフガンにつぐイラク侵攻、自衛隊海外派兵。米のフセイン処刑。イスラエルによるガザ空爆。沖縄普天間基地反対十万人県民集会。アラブ各国の市民蜂起と米英仏のリビア空爆。そしていま、東日本大震災・原発災害。そのさなかの米軍によるウサマ・ビンラディン処刑「発表」……。

ＴＶ画面に展開する東北の災害状況を注視しながら、ぼくの脳裏にこの七十年の歴史の記憶が点滅し、重なった。そのいずれもが、深い傷跡を刻みながら終息せず、いまなお進行中である。

制御不能！　東電と政府の右往左往

「産業界の一部と規制当局が、そのあり方を根本的に変えない限り、彼らはいずれ公衆の信頼をまったく失い、エネルギー源としての原子力を失ってしまう、その責任を負うことになると確信する」
（米スリーマイル島原発事故での大統領調査委員会ケメニー報告「総論」の結び）

「……原子炉からの放射性廃棄物は死の灰と同じ物質を含んでいる。どちらも同じ根源──核分裂──から出ているのだから、これは驚くに当たらない（水素爆弾《核融合》の死の灰も、おもに起爆剤のウランかプルトニウムによるものである）。原子炉の放射性物質が周囲にばらまかれたら、それらは死の灰の成分と同じく、複雑で思いがけない経路（大自然界の食物連鎖）をたどる。……」
シェルドン・ノビック『原発の恐怖──アメリカからの警告』
（中原弘道監訳、新潟大学原発研究会訳、アグネ刊、一九七四年）

世紀的な原発災害は二〇一一年三月十一日、地震発生とともに福島第一原発に建ち並ぶ六基の原発のうち、1～4号機で起こった。冷却水を循環させるポンプの非常用電源が作動せず、やがて燃料がメルトダウン（溶融）、建屋が水素爆発で崩落。

連日の記者会見。東電、政府、経産省原子力安全・保安院、ときに原子力安全委員会による公式発表が重ねられた。ところが相つぐ発表は、原発でいったい何が起こっているのかさえ曖昧《あいまい》な、わけのわからない情報ばかりだった。それがかえって福島原発事故のただ事でない重大さを告げていた。

東電や政府が嘘をついているのか？　それとも意図的に重大な何かを隠しているのか？　あるいは、本当に原発内部で何が起こっているのか当事者たちさえ把握できず、どう対応して良いのかさえわからず、右往左往している図にも見えた。

数日後、放射性物質の放出（ベント）・検出が発表され、浜通り各町住民に避難勧告、自主避難、さらに地域が拡大され強制避難命令が出された。ここにいたって、《最悪の事態》が進行していることは明らかだった。原発の制御不能、炉心の異常、加えて冷却プールでの使用済み燃料棒の露出まで、深刻な放射能汚染が広範に外部にまで拡大している。

各県消防庁、警視庁の機動部隊と特殊車両群が動員され、ついには米海軍と海兵隊・自衛隊までが出動してきた。それでも事態は悪化する一方だった。放射性ヨウ素やセシウムばかりか、ストロンチウムやプルトニウムまで検出され、土壌や海水の汚染が明らかになるに及んで、政府と東電は、ようやく事故を「レベル4」から「レベル7」まで引き上げた。

事故発生から二ヵ月が過ぎたきょうも、綱渡りのような危機的事態はなお進行中であり、仮にうまくいっても「冷却安定まで最低九ヵ月くらいは、まだまだ安心できない」というハチャメチャな公式説明・見解である。

これがこの間の経過だ。国民は不安と恐怖に怯《おび》えながら、事態の推移を見守っている。

原発列島のなりたちは

「歴史が泣いている。日本の民衆、主権者が、歴史の声に耳を傾けないからだ」

「井上ひさしの遺稿」から（「文藝春秋」二〇一〇年十二月号）

「われわれは『原子力産業には未来はない』――それも実情に通じた真剣な人びとが原子力に幻滅して――という声を聞く。将来についてのこの判断がいかに正しいとしても、原子力がまだ開発されたばかりであることを忘れてはならない。原子力はまだ開発されたばかりの成長期の産業なのである。その技術はまだ未成熟である。……現在の原子力について判断を下すには、原子力平和利用が開始されたときの大望を思い起こす必要がある。……一九四六年十二月三十一日の真夜中に、その日トルーマン大統領が私の面前で署名した文書が発効した。原発を含む原子力平和利用開発を任務とする、新しい文官制の原子力委員会（ＡＥＣ）が発足したのである。その同じ日、私が引き継ぐことになった戦時原子爆弾計画の責任者レスリー・グローブス将軍は、マンハッタン計画における同僚に、原子力平和利用の可能性について一般的に支持されている見解を表明し、『平和利用については、君たちが新世界を展望するカーテンを上げたんだよ』と語った。そのとき以来、〈新世界への期待〉の実現に向け、確固たる進歩があった。しかし私自身や、原子力分野の推進者と関係者の一部は、『われわれは、あまりにもことを急ぎすぎて、市場を急速に独占した軽水炉原子炉と根本的に異なる原子炉概念や、設計のテストに十分な時間をかけなかったが、別の炉型ならばはるかに安全性が高く、複雑さも少ないのかもしれない』と考えている。……一九六三年といえば、原子力産業が生まれて、まだ二、三年しか経っていないころであるが、私は『原子炉急増計画に突入するのは再検討を要する』と、科学技術界の指導者たちに訴えた。……」

米原子力委員会初代委員長デイヴィッド・Ｅ・リリエンソール

（『岐路に立つ原子炉』西堀栄三郎監訳、古川和男訳、日本生産性本部刊、一九八一年）

いったい全体、この国は突然、どうしてこんな深刻な事態に陥ってしまったのか！ 「原発は絶対安全」ではなかったのか？ 東電や政府はいったい何に怯え、なぜ慌てふためいているのか？ いったい日本に何が起こっているのか？ 何が進行中なのか？ その深層を読み解かねば国民の不安は消えないし、明日への方向も見えてはこないだろう。

それを明らかにするには、敗戦いらい六十五年の戦後史をふり返らねばならない。なぜいま、日本は世界第三位の原発大国なのか？ そのルーツをである。

それを詳細に書きたいが、いまは手っ取り早く端的に理解していただくために、有馬哲夫氏（早稲田大学教授）の著書『原発・正力・ＣＩＡ――機密文書で読む昭和裏面史』（新潮新書）、『ＣＩＡと戦後日本――保守合同・北方領土・再軍備』（平凡社新書）をお読みいただきたい。

いずれの著も、アメリカ政府の一機関であるＣＩＡ（アメリカ中央情報局）の秘密文書にもとづく衝撃的な歴史記録である。前者の帯には、「ＣＩＡ指令：読売新聞社主ノ正力松太郎ト協力シ、日本国民ニ親米世論ヲ形成セヨ」。ＣＩＡ文書が語る〈対日情報戦の全貌！〉とある。後者の帯は、「軍隊なき占領は続いていた。ＣＩＡ文書が明かすアメリカの対日政治戦の深層」。

ひとことで要約すれば――占領期以後、アメリカが日本をどこへ導こうとしてきたのか。一九五四年の米水爆実験によるマグロ漁船第五福竜丸の被曝事件以降、日本では「反米」「反原子力」の気運が高まっていた。そんななか、ＣＩＡと衆議院議員に当選した正力松太郎・読売新聞社主らは、原子力に好意的な親米思想を形成するための「工作」を開始する。原潜、読売新聞、日本テレビ、保守大合同、再軍備、内閣情報調査室の設立、そしてディズニー文化の刷り込み……。正力とＣＩＡの協力関係から始まった巨大メディア、保守政・財界をめぐる連鎖……。戦後日本を政治・経済・軍事・マスメディア・教育・文化・食生活のあらゆる領域で対米従属化させてきた実相と舞台裏を二〇〇〇年代に公開されたＣＩＡ文書が明らかにしている。

こんにちの原発列島は、戦後アメリカの言いなりに動いてきた歴代の保守政権と財界によって作られてきた。（日本の政財学界とＣＩＡ極東部の工作・密着は、ひとり正力だけではない。）

原発開発の歴史は、アメリカによって一九四五年八月、広島と長崎に投下された原子爆弾の開発から始まったと言える。冷戦時代が始まり、ソ連も一九四九年八月、原爆実験に成功。「世界の憲兵」を自負していたアメリカの核占有は、四年で終わった。核軍拡競争が激しくなり、一九五二年にイギリスが、さらにフランス、中国につづき、七五年にはインドが原爆を開発、核軍拡は一挙にひろがった。

同時に、ソ連は一九五四年、イギリスは五六年に原子力発電所からの送電を開始。世界をあっと驚かせた。恐るべき破壊力をもつ原爆と電力を生産する原発は、じつは同じものだった。核兵器の独占と開発に夢中になってきたアメリカは、原子力発電の開発では完全に遅れをとってしまった。

一九五三年十二月、突然アイゼンハワー米大統領は国連総会で叫んだ。「アトム・フォー・ピース！」（原子力を平和利用へ！）。それはアメリカの核独占体制崩壊への歯止めとして打ち出した苦肉の政策だったが、かといってアメリカに優れた原発が準備されていたわけではない。そこで手っ取り早く

「原潜に使っていた原子炉」の設計図を拡大コピーして、大急ぎで作ったのが現在のお粗末な軽水炉だ。アメリカにとって「原発の国際市場制覇、核不拡散」という国家的な緊急至上命令であった。

米大統領の国連演説の三ヵ月後、即それに呼応して中曽根康弘代議士らが突如、国会に原子炉築造予算案二億三千五百万円を提出。審議はわずか三日で打ち切られ強引に可決された。それは、原発路線を日本に現実に踏み込ませてしまった歴史的な瞬間だった。

この事態を重視し、危機感をもった「日本学術会議」は、「自主・民主・公開」をうたった原子力三原則を、からくも政府に認めさせた。(そして初代の日本原子力委員長は正力松太郎であった。)

原発の輸出は、米政府の「核不拡散政策」に反するかに見えるが、アメリカにとっては矛盾はない。原発を売りつけることはなにも原子炉だけを売るのでなく、核燃料の濃縮ウランと抱き合わせで「核サイクル」として半永久的に売りつける。だから原発の巨大市場のみならず、日本のエネルギーの首根っこをも支配できる。「日米原子力協定」は、「日米安保条約」とともにその盟約書、くびきだった。

こうして経済・食料、軍事、政治、教育、文化の支配構図を完成させ、「対米従属の日米同盟」の礎《いしずえ》を築いていったのだった。(日本の軍・産・政・学をはじめ各界とのＣＩＡのさまざまな対日支配工作は、なにも一九四〇~五〇年代に存在した物語ではない。たったいま現在も、当時よりもっと巧妙・強力・周到なやり方で推進されていることを忘れてはならない。)

そして軍用原子炉から安易に転用されたこの軽水炉は、まだまだ幼稚な実験炉にすぎず、完成された技術にはほど遠い、危険極まる「未成熟な欠陥商品」だったのである。

核燃料サイクルも絶望的　明日はない！

危険な「欠陥商品」は原子炉だけではない。じつは、原発で使用する核燃料の流れ（核サイクル）全体が、原発以上に明日のない《絶望的な存在》なのだ。ある意味では、原子力発電所の原子炉本体より「もっと危険で厄介な問題」とも言える。

核燃料の流れとは、大ざっぱに描けば次のようになる。①天然ウラン鉱採掘→②精製して焼き固め、合金パイプに詰めて核燃料棒に→③原子炉に装着。臨界させ、沸騰した蒸気でタービンを回して発電→④使用済み核燃料プールで数年間冷却→⑤キャスクに詰め海路、再処理工場へ→⑥断裁。内容物（「死の灰」）を化学処理で三種類（燃え残りのウラン、プルトニウム、高レベル廃棄物）に分離・抽出→⑦大量の高レベル廃棄物の最終廃棄場へ。

①②＝採掘されたウラン鉱は、燃料製造工場で焼き固められ、ウラン235の「ペレット」（直径一センチ、長さ約五センチ）となり、「ジルカロイ」と呼ばれるステンレス合金の筒状パイプ（直径約一センチ、長さ約四メートル）にはめ込まれる。これが核燃料棒だ。

③＝発電所に運ばれた核燃料棒は、「燃料集合体」として原子炉圧力容器に数千本並べて装てんされ、水で満たしたあと加圧される。制御棒を徐々に引き抜くと臨界・核分裂がはじまり、高熱で発生した蒸気がタービン（羽根車）を回し発電する仕組みだ。

④＝一定の核分裂を終えた燃料棒は「使用済み核燃料」として、原子炉隣接の冷却プールで満水に

沈め、三〜四年間循環ポンプで冷却される。使用済みといえども核燃料は高温の「崩壊熱」を出し続けるからだ。冷却し続けないと、プールの水はやがて沸騰して蒸発するので、燃料棒は空気中にむき出しになる。すると核燃料を包んでいるジルカロイ合金は空気と化合し、水素ガスを発生し溶け始める。水素元素は軽く不安定なので、酸素と反応し爆発に至る。まさに福島第一原発の建屋が吹き飛んだのは、このせいだった。（百万キロワット規模の原発は毎日三キログラムのウランを消費し、三キログラムの「死の灰」を残す。それは広島型原爆三発分の「死の灰」の量に匹敵する。一年間稼働すれば、原爆千発分の「死の灰」が貯まる。）

合金の被覆が損傷し、内容物が漏れ出すこと自体が重大事態だ。比重の軽い放射性ヨウ素やセシウムは風にのって飛散し、原子炉で生成されたプルトニウムやストロンチウムなどの比重の重い高レベル放射性物質までが外界に漏れ出してくるからだ。それらは土壌や地下水、海水を限りなく汚染してゆく。福島原発では、この最悪のシナリオが現実に進行中だ。

⑤⑥＝無事、プールでの水中冷却を終えた使用済み核燃料は、再処理工場へ運ばれる。普通の汚水処理工場などを想像する人が多いが、じつはそんな生やさしい工場ではなく、世にも恐ろしい「被曝地獄」のような施設である。（かつて茨城県東海村に小規模で不完全な再処理工場があったが、火災や放射能汚染事故の続出で操業維持できず、電力業界と政府は永く、フランスとイギリスに再処理を委託してきた。その仏・英の再処理工場でもまた事故があいつぎ、両政府は委託を解約、日本に使用済み核燃料を返却してきた。窮した日本は、青森県・下北半島に慌てて巨大再処理工場を建設したが、それさえいまだ操業を始めていない。）

そこではロボットアームによって燃料棒の被覆管が断裁され、溶液に溶け出してくる内容物は三種類に分離・抽出される。第一は、「燃え残りのウラン」。これは、もう一度核燃料として精製・活用される。第二は、天然には存在しない放射性元素「プルトニウム」（半減期二万四千年）。少量で核兵器を作れる厄介なしろものである。（長崎に投下された原爆は、このプルトニウム爆弾、広島に投下されたのはウラン爆弾だった。）

第三は、大量の高レベル放射性廃棄物。いわば「核の最終ゴミ」。これは使い道のない「死の灰」そのものであり、狭い日本のどこにも捨て場はない。おまけに廃棄したあとも厳重に永久的な冷却・循環、監視・管理を必要とする大変なしろものである。（呆れたことに、アメリカと日本は、モンゴルの草原に地下数百メートルの穴を掘り核廃棄物の処分場を建設する計画を立て、モンゴル政府と極秘の交渉をしているという。「毎日新聞」二〇一一年五月九日付）

日本の五四基の原発が、日夜産み出す「使用済み核燃料」によって、これらの厄介極まる「悪魔的なしろもの」が、きょうも際限なく増え続けている……。こんなものを子孫に残していいのだろうか？　国家・権力、あるいは政財界の価値観とは、「わが亡きあとに洪水よ、来たれ！」なのか？

核サイクル路線の彼方に出口はない。はっきり見えるのは底知れぬ暗い洞穴、「日本の自滅」であり、明日も希望もまったく見えない。

マスメディアは問題の本質を報道してきたか？

「知らないって怖いこと／知らされないのはもっと怖いこと／でも知ろうともしないなら

それはあなたの罪／そして知っているのに行動しないなら／あなたっていったい何もの？」
「もはやマスメディアが　真相を知らせないなら／おまけに　学校教育までが真実を教えてくれないなら／もはや　私たち市民自身が本当のことを／語り広げてゆくしかありません」

楚倉　哲

日々の紙面、TV画面に思う。マスメディアとは、状況のうわべの報道は巧みだが、なんと安っぽく薄っぺらなんだろう。おまけに嘘つきで、なんて罪深い存在なのか、と。ぼく自身、かつて現場記者であったし、いまも現役のジャーナリストを自負して活動しているだけに忸怩《じくじ》たるものがある。たとえば——、ほとんどの報道は、あまりの被害の甚大さを描きながら、当然のように「想定外の」「未曾有の災害」と叫ぶ。そのたびにぼくは、テレビ画面に「違う！　それは東電と政府の言い分だ」と叫び返す。

地震も津波も自然災害ではあるが、それは「未曾有」でも「想定外」でもない。（過去の歴史的記録もあるし、真面目な専門の科学者たちが、早くから予見・警告していたにもかかわらず）歴代の政府と権力者たちがそれらを無視してきた。なんらの防護・防災体制・災害救援専門機関さえ準備せず、気まま勝手に、きわめて低い「想定」基準を決め、「これでよかろう」とあぐらをかいてきたにすぎない。

地震や津波の過去の歴史記録からしても、決して「未曾有」ではない。それへの備えも準備もなにひとつしてこなかっただけのことだ。だから明らかな「人災」である。

原発災害にいたっては「人災、ここに極まれり！」。まさに犯罪的人災である。いまも福島原発で進行中の炉心損傷や燃料棒の溶融、それによる各種の危険な放射性物質排出（ベント）による汚染、原発災害の国際基準度「レベル7」（レベル度は0～8まである）の破滅的な状況は続いている。事故は「起こるべくして起こった」と言わねばならない。

「欠陥原子炉」が地震の巣窟の上に五四基も林立！

「重大な放射能もれを起こす原子炉事故が一回またはそれ以上発生する確率は、八〇年代に四〇％。九〇年代には五〇％。原子炉の数が増えるにつれて、事故の可能性が高まる。今世紀末までに、炉心の熔け落ちるメルトダウン事故が起きる可能性がある。」

米スリーマイル島原発での大統領事故調査委員会

（「原子炉安全研究に関する技術スタッフ報告書」から）

周知のように日本列島とその周辺は、どこもかしこも地震の巣窟だらけ活断層だらけである。しかも、いつ大津波が襲ってきても不思議はない海岸や岬、入り江に立地されている。そんな狭い島国に、あろうことか物騒な原子力発電所が。不安定でヤワな原子炉と巨大建造物が。いずれも技術的にも未完成な、お粗末きわまる「欠陥商品」が林立している！

こんなインチキ商品は、もともと決して日本に受け入れてはならなかった、建ててはならなかった。さらに忌まわしい原爆の初の犠牲国である日本政府とぼくら日本の主権者は、「核兵器のアレンジ商品である原発」に、もっと厳しい、警戒の目を向けなければならなかった。

だが日本の現実は、その欠陥原発の増設を安易に受け入れ、いまや五四基が林立する原発列島に！おまけに政府と財界はいまも、さらなる一四基もの原発を増やそうと計画・準備しており、無責任にもこの「危ない欠陥商品」をヴェトナムに売りつけ、さらに東南アジア各国にまで輸出しようとしている。（「日本の武器輸出禁止三原則を緩和せよ！」――米日の軍産学複合体がにわかに叫び始めた合唱の意図が見え見えではないか。）

電力会社も政府も財界各社も、御用学者・評論家も、「原発は安上がりでクリーン。頼りになる安全なエネルギー」と、《安全神話》を鳴りもの入りでPRしてきた。メディアは一貫して、そのお先棒をかついできた。

被災者とともに　庶民は心を寄せ合い……

「こころ」は見えないけれど／「こころづかい」はだれにも見える
「思い」は見えないけれど／「思いやり」はだれにも見える
（「3・11」いらい連日流された民放TVの公共広告機構ACのコマーシャル）

全国からぞくぞくと善意の義援金、支援物資が集まっている。被災地救援のための献身的なボランティアの参加も「かつてなく多い」という。義援チャリティも盛んだ。故郷に帰れない行き場のない

「難民」を受け入れようという市民活動も興っている。

カネある者はカネを、持てる者は物資を、心ある者は言葉で……。庶民はみんな、災害を我がこととして受け止め、心を痛め苦しんでいるのだ。

その一方で、東京のレストランや商店では、「福島の方はご遠慮ください」などの張り紙があったりする。子どもたちの間には「福島の子とは遊ばない。放射能がうつる」などのイジメも。主婦の間には「東北の野菜や魚は避けたい気分……」などの〈風評被害〉も。

政治家たちの虚々実々……巨額の「政治献金」と「政党助成金」

災害から一ヵ月半、国会論戦も始まった。自民党・民主党の議員とも、ほとんどが自らの責任逃れの口汚い怒鳴り合いだ。驚いたことに、おもだった自民党・民主党の政治家たちには、ここまで日本を原発列島にしてきた自責の念など、かけらもないらしい。それでいて、どの議員も例外なしに、災害犠牲者に哀悼の意思を表し、「国策」を推進してきた責任にはひと言も触れず、「自分は、避難民や流浪の民の味方だ」とでも言うように、偉そうに政権批判を繰り返す。自民党も民主党その他も、いずれも同じ穴のムジナ、「目くそ鼻くそを嗤《わら》う」の類《たぐい》だ。

野《や》にくだった自民党議員たちは、「素人《しろうと》の現政権では駄目だ。俺たちならもっとうまく危機管理をやるのに……」と民主党政権の後手後手、迷走対応を批判する。

国会中継を見ながら手にした「毎日新聞」。四月二十日付一面。「東電幹部　自民に献金。〇七〜〇九年二千万円超。役職に応じ定額」の大見出し。東電の現役幹部やＯＢらの自民党に対する政治献金が、三年間で二千万円も手渡されている、というのだ。献金は役員以外にも部長やＯＢまで年七十人以上に及ぶという。

さらに東電の工事元請け企業「関電工」（東電が約四五％を出資。工事を請け負い取り仕切る）も年一千三百八十万円を自民党に献金している。

一方、民主党には、東電役員からの献金はないものの、原発推進を提言する労組「電力総連」から三千万円が献金されている。

またこの記事では、「一方、原発で想定される津波の指針をきめた〈土木学会〉で、委員の過半数が電力関係者だったことがわかった」とある。津波や地震の「想定基準」は、この〈学会〉で決められるのである。東電や政府がしきりと口にする「想定外」は、まさにその通り！　カラクリ通り！ではある。

各紙を広げていると、朝日新聞四月二十四日付コラム「天声人語」に目がとまった。「情報を絞り込んだ小さな記事は、時に多くを語る。今年の政党交付金の初回分、８０億円が国庫から支払われたという短信が各紙に出た。震災増税が言われる中、被災者に尽くすべき者が炊き出しに並んでいるような違和感を覚えた▼民主党４２億円、自民党２５億円。公平を期して続ければ、公明5億6千万、みんな2億7千万、社民1億9千万、国民新党など4党に数千万ずつ。制度に反対する共産党を除く各党に、通年ではこの4倍が渡る▼申請は今月初めというから、義援金が1千億円を突破し、著名人がこぞって私財を供した時期だ。今回だけでも遠慮するデリカシーを永田町に望むのは、どうやら自販機にスマイルを期待するがごとし。民に耐乏を訴えながら示しがつかない▼交付が始まって16年。すでに5千億円の血税が、離合集散を重ねる政党の金庫に移った。企業や団体の献金に代わるはずが、そちらの功は怪しい。『支持政党なし』が5割の時代、国の施しに頼る政治活動に物申したい納税者もいよう▼復興を背負う財政はさらに苦しい。国民負担を求めるなら、国会議員は歳費カットでお茶を濁さず、定数を削るべし。無論、税からの持ち出しが少ない小党が割を食わぬ方法で。その上で、個人献金を全力で掘り起こせばいい▼交付金の過半を得る民主党では、有事の緊張が早くも解けたか、またぞろ権力争いが始まった。国難は政治家の器を試す。地位と待遇に見合う働きをしているのはどこのだれか、しかと見極めたい。」

マスメディアの背後に

・地球流転　春を豪奢に捨てながら
・春卵　立てば　余震がまた崩す
・鯉のぼり　覗けば　誰もいない街
・忘却の地に　玉葱の太りいる
・きらきらと　水の痛みは　わが痛み
・キャベツ割る　飢えた水の迷路
・もらった靴に　合わせて暮らす　ピエロかな
・念仏ロック　病める未来へ　きょうを抱く
・出口なき　ガラスの箱の　迷いかな
・肉を喰う　花喰う我の　飢餓道に
・悪へ悪へと　傾いてゆく水
・にぎり飯に　ガラスの破片　突き刺さる

川柳人　葦　妙子

「《安全神話》が崩壊」「遅すぎた《レベル7》発表の恐怖」「東電・政府の秘密主義」「後手後手の菅

内閣の危機対策」「世界が日本に不信感」……。３・１１からやや経って、連日の新聞やテレビが、東電や財界、政府＝経産省原子力安全・保安院のいい加減さを批判し始めた。

たしかにそうだと、ぼくも思う。いいぞ、その調子だ、つねづね「社会の木鐸」を誇るマスコミだ。しっかりと政府と東電を監視し、そのウソと責任を徹底的に追及すべし！　それでこそジャーナリズムだ、いまこそ鋭い批判感覚を生かし、とことんまで問題の真髄に迫れ！　と、素直に声援を送る。

と同時に、「ん？」と思うのだ。いま、東電・菅内閣の態度を激しく批判している同じメディアが、ついこの間までは、画面や紙面で「原発は絶対安全で安上がり」「アメリカでもすでに、それは立証済みだ」と「原発礼賛《らいさん》・推進」のキャンペーンをしていたではないか。その同じメディアがここへきて、手のひらを返したように、「東電批判・政権批判・原発批判」に転じている！（それはその通りだから歓迎するのだが、それにしても）この珍現象。これって、いったい何だろう？

メディア各社が、防災準備ゼロや欠陥原発、陰の奴隷的な被曝労働、ずさんな東電を、ここへ来てはじめて知ったのだろうか？　メディア各社が、ようやく深刻な事態に気づき、真実を報道し始めたのだろうか？　そんなはずはあるまい。マスメディア各社は、そんなことはとっくの昔に百も承知ながら、「原発推進」批判報道をしてこなかった、あるいはできなかった背景・事情があったはずだ。

それは原発推進が「国策」だからであり、同時に日本のメディア自体が、つねに深いところで米国政府＝ＣＩＡ・米大使館、軍産複合体に縛られ、操られているからだ、とぼくは思う。さらに日本の庶民＝主権者が真実を知らされないまま、上っ面の報道に惑わされ、この事実を認識できないできたからだ。その視聴者がここへ来て危機的現実を前にして怒り始めたからだ。

改めてこの間の「朝・毎・読」など各紙の「社説」をたぐってみた。ここまで日本のエネルギー政策の破綻を報道してきたメディアとして、「社説」は当然、原発政策の転換や今後のエネルギー方針への提言がなされているはずだと思ったからである。

ところが、まったくの期待はずれだった。原発事故の翌日の各社の「社説」――。

「読売」は見出し「原発事故の対応を誤るな」。主旨は「原発は日本の基幹的な電力源となってきた。だが爆発の衝撃は、その位置づけを足許から揺るがしかねない」「対応を誤れば国内外の原発活用が危うくなる」。「朝日」は、見出し「大震災と原発爆発」。主旨は「最悪に備えて国民を守れ」。「毎日」は、「原発制御に全力尽くせ」。主旨は「万が一、事態が悪化しそうなときには、速やかに必要な手立てを講じ、住民のリスクを最小限に」。（馬鹿みたい！）

各紙のどこにも原発推進政策の批判も見直しも、転換提言もなかった。むしろ原発推進が当然の不動路線のように力説されている。ことほどにマスメディアの罪は重い。

誘致とともにゆがむ故郷、すさぶ人心

「被曝はスロー・デス（ゆっくり来る死）を招く。死は徐々に二十年も三十年もかけて、ゆっくりゆっくりやってくる。原子力産業は、クリーンでも安全でもない。」

「日本は米国に比べ、国土も狭く、人口も密集している。この広い米国でも原発の危険性が常に議論されているのに、あの狭い日本で、もし原発事故が各地に拡がったら、いった

い日本人はどこへ避難するつもりか。日本人はヒロシマ、ナガサキと二度も悲惨な原爆の悲劇を経験しているではないか。」

トーマス・F・マンクーゾ博士（米ピッツバーグ大学教授、一九七七年、当時）

ぼくは新聞記者として一九七四年から十年余、日本各地の原発内部とその地域、そこに生きる人たちと対話し、真剣に向き合ってきた。（そのルポ記録が『原発のある風景』〔上下巻、未來社、一九八三年刊〕。本書はその九章のうち四つの章だけを編んだ。）

原発が立地された「地方」「地域」は、繁栄する大都市と裏腹に、呆れるほどに荒廃していた。故郷の山河も森も畑も海も、産業も地方自治も教育も、暮らしや人心までもが、例外なく歪《ゆが》み、荒れすさんでいた。

「原発立地！」が持ち込まれた瞬間から、それまで貧しいけれどつつましく、自然も心も豊かな生産労働で平穏な暮らしをしていた村々を突如、天地の価値観をも狂わせる「国策」が襲ってきたのだ。

それは、素朴な村人たちと故郷を、いきなり札束で頬をはたくような乱暴狼藉《ろうぜき》者たちの闖入《ちんにゅう》であった。狼藉者とは、歴代の自民党政府とその権力、そして財界。彼らは貧しい地方自治の足許を見透かしたように、ひらひらと政府の「電源三法交付金」や法人税収入、核燃料税、企業の寄付金などもろもろの利権をちらつかせ、強引に踏み込んできた。「利権」あるところ、血の臭いを察知したさまざまな飢えたハイエナが群がるのは資本主義社会の世の常だ。利権をむさぼろうと集まってきたのは、いや集められた軍団は大小の企業群ばかりではなかった。ヤクザや暴力団までもが軍団の一部であった。

当然ながら原発立地は、静かな村々に「抵抗」を生み出す。村民・町民は「原発反対派」「賛成派」

に分断され、骨肉相食《あいは》む対立、憎悪感情を生み出した。「賛成派」には惜しみなくアメを投げ与える政府・権力と電力企業・軍産複合体は、「反対派」住民には、呵責《かしゃく》のない弾圧、「村八分」攻撃を浴びせた。

地方政界の首長や議員たちも「利権と札束」に血迷っていく。あげくが「地方自治」の歪みと荒廃である。「地方自治」とは、憲法に保障された《地方住民・主権者の暮らしの最後の砦《とりで》》だ。それさえが原発立地地域では無惨に病み、息も絶え絶えだった。

そこには、町民が密かに「T・CIA」と呼び、怖れられている謎めいた幻の機構が存在していた。電力会社には、どこも「広域地域対策室」という名の、社長室直属の特別の部課がある。その部課のコンピュータには、原発立地地域のすべての住民の戸別のリストが詳細にデータ化されており、購読紙・誌、資産、家族構成、学歴、病歴、犯罪歴、所属団体、支持政党、思想傾向、性格にいたるまで克明に記録されている。そんな「社外極秘」コピーのほんの一部を、ぼくは垣間見た。毎月各戸を訪れてくる検針員や集金人の姿まで頭に浮かび、恐ろしくなった。

言うまでもなくこの機構（「広域地域対策室」）は地域各署の警察権力とも密接に連携しており、「職警連」と呼ばれる原発関連企業との防犯対策・犯罪対応・情報集中の定期会合まで重ねられていた。

密かに「長会」と呼ばれる会合さえ存在する。これは原発立地地域での、電力会社に手なづけられた、およそ「長」と名のつく人たちの会合だ。教育長、学校長、病院長、自治消防団長、郵便局長、自治会長、老人会長、婦人会長、青年団長、同窓会長、郷土防衛班長……。戦時中の「隣り組」の組織体制にも似た網の目のようなスパイ相互監視・管理体制。原発地域は、まさに「戦時」（有事）「非常時」体制であり、国家権力と企業、地方のボスが結びついた静かなファシズムが支配している。

災害最中《さなか》の地方選「原発礼賛・容認知事」がすべて圧勝！

「……ま、日本国の皆の衆《す》が、こげに第9条ば酷《むご》く扱《あつか》うなら、まんず俺たちがそっくり引き取ってよ、軍備の〈ぐ〉の字《づ》も無《な》すで国ば作《つぐ》ってみしぇる。軍備ぬぎで小《ちゃっこ》ながらも一個の国家ば持づこだえてみしぇる！　皆の衆《す》、これが今回の『吉里吉里国』独立の根本原則では無《ね》がっだべか？　これば曲《ま》げではなんねぇど！」

井上ひさし『吉里吉里人』から（今回の津波に襲われた三陸沿岸の町々が舞台の小説）

災害から一ヵ月、復旧の目途《めど》もたたぬ混乱のさなか、全国各地で一斉地方選・後半戦が終わった。どこも共通して目を引くのは「投票率が極端に低い」こと。そして「与党民主党の後退」だった。もう一つ、四つの道県の知事選で、いずれも原発推進・容認の知事が圧勝したことも驚きである。（北海道・福井・島根・佐賀の四道県）。

全国でも最多の十五基を立地する福井県の西川一誠知事は、相手に四・五倍の差をつけて圧勝した。「福島のような事故は、福井では起こさせない」というのが、彼の県民への訴えだった。

そう言えば、「東北の災害は天罰だ。欲得で贅沢をむさぼってきた人間への当然の報いだ」「原発は東京湾に建てても良いのだ」などと公言したどこかの首都の知事も、地方選前半戦で大勝したっけ。

だが、しばし立ち止まって考える。原発が、人里離れた過疎地にばかり立っているのは何故だ？

それは事故がじつは「想定内」だからだろう。

福島では事故直後から半径二〇～三〇キロ圏内に避難指示が出された。（アメリカでは八〇キロ圏）もし東京湾に原発があれば、東京二三区全体がすっぽり危険圏内である。つまり一千万人以上が被災し、経済も政治も暮らしも麻痺してしまうだろう。

「朝日新聞」四月二十三日付「3・11記者有論」（有馬央記記者）が、得票を伸ばした佐賀県の古川康知事にインタビューしている。

「……《原発は誘致しないところには絶対にできない。東京湾岸の自治体は『おカネがあるからいらねぇよ』だが、過疎地は地域振興の起爆剤になればと思うから手を挙げる》。確かに原発はお金になる。国から交付金が来る。地方税の財源にもなる。佐賀県は今年度予算で二〇億円の『核燃料税』を見込む。さらに九州電力は佐賀県にできる『重粒子線がん治療センター』に四〇億円を寄付する。古川知事は《安全が前提だ。危険だけど、どうでしょうかと言われたら、『ご勘弁を』と思う》と語る。だが、地元に落ちる大金は、リスクと引き換えのものではないのか？　原発は『国策』として推進してきた。国は『絶対安全』だといい続けた。この二枚看板で地域経済に根を張った原発の現状を見るとき、『ご勘弁を』とすぐには言えまい。しかし『3・11』で安全神話は崩れた。五二歳の古川氏は《原発を三十年持たせようとは思わない。代替エネルギーへの移行は、われわれ世代の責任だ》とも語る。ならば、『安全性の向上』という次元ではなく、いずれ原発をなくしていくための施策がもっと要る……」。

さまよえる東北人《みちのくびと》——故郷さえ奪われた人びと 「核兵器」と「原発」「米軍基地」は同義語

「石をもて　追はるるごとく　ふるさとを　出《い》でしかなしみ　消ゆることなし」
「ふるさとの　訛《なまり》なつかし　停車場の　人ごみの中に　そを聴きに行く」
石川啄木　歌集「一握の砂」

「♪帰りたい帰れない……／春になの花　夏には祭り／秋の三日月　木枯らしの冬に／帰りたい帰れない／帰りたい帰れない」
唄・詞・曲　加藤登紀子

「♪帰ろかなぁ〜　帰るの　よそおかなぁ……」
唄・北島三郎　詞・永六輔　曲・中村八大

そびえる原発建屋。そこから蜘蛛の糸のように伸びる高圧電線を指先でつまみ、大空にすっくと立つ足長の巨人ガリバー。高圧電流の送電線鉄塔が、はるか山並の尾根を越え、彼方の大都市へ消えてゆく。

日本のどの原発も判で押したように、主権者意識形成が弱く、主権者の自覚と抵抗が弱かった（あるいは弱くさせられた）「地方」の海辺に建っている。そこで地域住民をたぶらかし踏みつけながら、なおも住民たちの生き血を吸い上げている。どこまでも踏みつけられ、差別されてきた地方の町まち。

「白河以北一山三文……」――ふと、「日本書紀」の記述が頭をよぎる。白河とはいまの福島県南部、「東北地方」への玄関口だ。かつて平安京の防衛大臣（征夷大将軍）坂上《さかのうえの》田《た》村《むら》麻《ま》呂《ろ》が大軍を率《ひき》いて何十回も侵攻を試みたが、結束した地域住民たちにはじき返された。強固な国境線だった。そこから北は異境・秘境の東北（平安京からは艮《うしとら》の方角、つまり鬼門である）、さらに街道は、みちのく（道の奥）、奥の細道、陸奥《みちのく》、蝦《え》夷《ぞ》へとつづく。

時代が江戸、明治、大正、昭和、平成と移っても、東北地方は国や権力によって、つねに差別され続けてきた。昭和の大飢饉でも、村役場に「娘の身売り相談はこちら」の張り紙が出されたほどの、貧しく過酷な地方であった。同時に、そこに生きる人びとの心は誠実で優しく、素朴な温かさに満ちあふれていた。

その東北の人びとが、いままた地震と津波、さらに原発災害によって、故郷の大地や命まで奪われ、踏みつぶされようとしている。冷え込む避難所で呆然と身を寄せ合う住民を見て、海外のメディア特派員は「がまん強く、沈着冷静な日本人」「おとなしく、秩序を守る日本人の美徳」「さすが日本人」「がんばれ日本」などと書いた。たしかに東北の民衆はがまん強く、おとなしい。あまりにも永く、忍従を強いられ踏みつけられてきたからだ。

しかし、それが日本人の美徳なのだろうか？　苛立って、ぼくは立ち上がり叫んでいた。「怒れ、シシュフォス！」「鬼太《おんで》鼓《こ》うち鳴らし、ともに怒ろう！」

そしてまた、「優しさと我慢強さと、秘めた怒りにおいて、東北人とアイヌびと、かつての沖縄人がよく似ている！」と痛感する。さらに「世界の各国で、いまも隠蔽され虐げられている先住民族たちとも同一だ」と気がつく。そして、「多くの発展途上国の民衆もまた」とも。（思えば、「核兵器と原発と米軍基地」は同義であり、あらゆる意味で戦後日本に君臨し、永く民衆を支配し食いものにしてきた「帝王」だったことに気づく。）

改めて日本列島地図で原発立地点を見ると、例外なく素朴な過疎地「地方」に集中している。それは活断層など「地質・地形評価」や事故の際の地政学的評価だけでなく、政府・電力会社がもっとも重視してきた「人文評価」の結果であることがわかる。

言いかえれば、地元住民の抵抗が、電力企業にとってとるにたりない地域、《主権者としての意識形成が弱い地域》に立地されてきたことがわかる。逆に《住民の抵抗、主権者のたたかいがしっかりとある地域》では、計画着手の地であっても立地は断念、または中断されている（たとえば、関西電力＝京都府宮津市栗田、同久美浜町蒲入、山口県、和歌山県など）。

つまり住民の抵抗、主権者の意思表示の力は一見、無力に見えるが、けっしてそうではないという実証である。

「トモダチ作戦」――「朝鮮有事」への日米共同軍事訓練

「一九七九年一〇月二日、ローマ法王ヨハネ・パウロ二世はアメリカ訪問中に、『原子爆弾のとめどない増加により生じる危険性は、さし迫ったものである』ことを、かつていかなる指導者もなさなかったほど、明確に指摘した。法王のこの発言は、《近い将来の究極の危険が、核兵器競争の中にあるという現実認識こそが、希望につながる》とする、私なりの根拠を裏付けるものである。」

（デイヴィッド・E・リリエンソール『岐路に立つ原子炉』）

それにしても気がかりな動きが目立つ。米軍と共に、のべ十万人体制で災害派遣したと自負する自衛隊の動きだ。実員の半数を動員して災害支援から原発事故対処まで、米軍と共同の「史上最大の作戦」で挑んだ、のだそうだ。まさに有事！「非常時」態勢！

報道によれば、米原子力空母ロナルド・レーガンは、国防総省からの命令で、わざわざ普天間から空輸された海兵隊員まで乗せて災害派遣。「日米同盟の証《あか》し」とされる米軍の「トモダチ作戦」の始まりだった。

この間のいきさつを「毎日新聞」四月二十二日付、「検証・大震災」が伝えている。

「震災救援を目的にのべ約一万六千人を投入した米軍。かつてない規模の展開は自衛隊・米軍の統合運用と民間空港・港湾の米軍使用へと踏み込んだ。実態は〈有事対応シミュレーション〉といえた……」「……外務省幹部は『オペレーションの性質は違うが、民間施設利用や上陸など、実体的には朝鮮半島有事を想定した訓練ともなった』と指摘する」。「『トモダチ作戦』で米国は存在感を示し、自衛隊との関係強化にもつながった。」

メディアもTVも「米軍と自衛隊の総力あげた災害救助」「放射線下、決死の給水活動」……などと報じた。視聴者の多くが「頭が下がるなぁ。備えあれば憂いなし。こんなときにはやっぱり米軍も海兵隊・自衛隊も必要だなぁ」と感じたことだろう。（だが、実態は災害にかこつけた、恰好の実戦訓練であった。）

日本国民の気分を読んだかのように、米国防総省は米大使館に菅直人首相を呼び出し、沖縄県民の抵抗で遅れている普天間海兵隊基地の移設、辺野古へリポート設置を急《せ》かせた。

日本じゅうが災害対策で騒然としているのと併行し、チュニジア、エジプトをはじめアラブの国々で民主化を求める草の根の市民の抵抗が盛り上がり、さらに広がりを見せていた。慌てたアメリカ政府は俄《にわか》に、「反民主主義の悪辣なカダフィ政権を打倒する」との名目で、リビアへの米仏英軍機による空爆を繰り返している。（そこでもまた、どれだけの無辜《むこ》の市民が殺されたことか！「悪辣《あくらつ》なカダフィ政権」とは、じつはアメリカが大量のカネも武器も授けて、傀儡《かいらい》政権として育ててきた奴隷政権・ロボット政権だったではないか！　それをもアメリカ政府はいま、アラブ諸国市民デモの蜂起に恐れをなし、《民衆の敵》として切り捨て、抹殺しようとしている。）

驚いたことに五月二日には、「オバマ大統領の命令で米CIAの特殊部隊が、パキスタンに潜んでいた国際テロ組織『アルカイダ』の指導者ウサマ・ビンラディン容疑者（9・11事件の主犯容疑）の所在をつき止め急襲。無防備・無抵抗だったが即射殺、死体を確保。水葬にして海へ沈めた……」というTV情報が映った。

「ああ、またも……やっぱり……。イラクでフセインを抹殺《まっさつ》したのと同じ、狡猾で残忍なやり方で証拠隠滅、証人抹殺か！」。それは「対テロ戦争」を合法化するための工作であり、世界に拡がる反米感情・反米不信に狼狽《うろた》えるオバマ大統領の、あまりにも乱暴かつ卑劣なパフォーマンス。国連憲章をも国際法をも真っ向から踏みにじる殺人行為。それこそまさに「国際的テロ・犯罪行為そのもの」としか、ぼくの目には映らない。

こんなとんでもないことが公然と、当然のように大手を振ってまかり通る恐ろしい時代に、ぼくらは生きている。「世界制覇」「グローバリゼーション」「新自由主義経済」を掲げて、第二次大戦後、勝手気ままに世界じゅうを踏み荒らしてきた「アメリカ帝国主義という帝王システム」の終末期。そのおぞましい姿、汚らしい素顔を、原発災害の惨状と重ねて、またしても見せつけられた！　と思った。

いったいこの国は、どこへ向かおうとしているのか？

「世界が全体、幸福にならぬうちは、個人の幸福はあり得ない」

宮澤賢治

「主権者は　どこにいるのか　国の春」
「道はただ一つ　この道を行く　春」

京都府知事　蜷川虎三（当時）

世紀の災害で鮮明に浮かび上がった日本社会の断面と危機的な姿――。死者・行方不明者は約二万五千人。今も十一万人を超す人たちが避難所での暮らしを強いられている。

福島第一原発では、なおも深刻な最悪の事態・メルトダウン、ブラックアウトが進行中だ。制御不能、炉心・燃料棒の溶融……。刻々と放射能の汚染範囲は広がりを見せている。一刻も目が離せない状況である。

中部電力は、政府の要請を受け入れ、浜岡原発（静岡県御前崎市。五基。うち1～2号機は廃炉手続き中。6号機の新設計画もある）を停止させた。当然の処置である。しかし、危険なのは中部電力の浜岡原発だけだろうか。

二〇〇一年まで十年間、地震予知連絡会の会長を務めた地震学者・茂木清夫さん（八一歳）は、「浜岡以外も見直すべきだ」と科学者の良心をかけて訴えている。「日本は唯一の被爆国で、第一級の地震多発国。そういうところで《原発実験》をやってはならない。太陽エネルギーとか風力とか、自然の恵みはいくらでもあるのだから、ほかの手をみんなで考えようよ」。

菅直人首相は記者会見で、「国策」を推進してきた政府の責任を認めたうえで、「二〇三〇年までに総電力に占める原発の比率五〇%以上をめざすとした現行のエネルギー基本計画について白紙に戻して検討する」と述べ、今後のエネルギー政策について「自然エネルギーを基幹エネルギーに加える。自然エネルギーと省エネを二つの柱として努力する」と表明した。

その志向はよしとしたい。地震の巣の上に建つ原発は危ない。運転を停めねばならぬ。その通りである。ならば、なぜ浜岡だけなのか？　なぜ、すべての原発の廃絶を提唱しないのか。被爆国の首相として、国民全体の命と暮らしを守るために存在する国家代表として、きっぱりとすべての核エネルギーの廃絶を提唱すべきである。

早くからぼくらが実例をあげてくり返し警告してきたのだが、原発が地域社会をはじめ日本社会全体を破壊する――それを決定的に実証したのが福島原発ではなかったのか。

さらに言えば、核とともに暮らすあり方、「核文明」自体が、厳しく問われているのではないのか？　核兵器をはじめいっさいの核政策と人類が共生できないことは、被爆国である日本が身をもって痛感したことではなかったか。

いままた一挙に日本全体が「有事」（戦時）「非常時」体制に引き込まれてゆきそうな不安――。連日の報道に目立ち始めた「がんばれ日本！」的なコール、キャンペーン……。さらには「非常時」を言い立て利用し、その機に「憲法改定へ進もう」（「読売」五月四日社説）とする動きにも、やたらキナ臭い気配を感じるのは、ぼくだけだろうか。（民主党は、敢えてこの災害のどさくさに、前野誠司会長を筆頭に四年間鳴りをひそめていた「憲法調査会」の活動を強化することを表明した。）

ひょっとすると、ぼくらはいままた、もはや制御できないかもしれない大暴力が動き始めている社会を生きているのかもしれない。

何もかも失った被災者たちの救済も災害の復旧も、なにほども進んではいない。原発事故にいたっては、いまもなお安堵《あんど》できない深刻な危機が進行中だ。すでに福島原発の原子炉は、「廃炉」どころか、「石棺」ならぬ「水棺」（水葬）処置までがとられている。（その作業さえが想定通りに進まず、右往左往状態。）冗談でなく、一刻も目を離せない危険な状況である。

無力感や閉塞感、不安のなかで醸《かも》し出されるのは「大きい力」への誘惑・待望感である。「だれでもいい。だれか偉い人がなんとかして！」という統率力、統合力を求める大衆心理がはたらく。「ガンバロー日本！」のくり返しや「トモダチ作戦」「非常時だから救国大連合（大政翼賛）で」などの動きに期待し救いを求めていると、あれよあれよという間に社会はとんでもない方向へ押し流されてしまうだろう。ファシズムは、主権者の不安と迷妄を土壌に襲ってくる。彼らは出番のチャンスを窺《うかが》っている。

ぼくらは、戦後社会は、敗戦から六十五年、なにも学んでこなかったのだろうか？　否！　戦後日本社会が肝に据えた大黒柱、最大の道標《みちしるべ》は日本国憲法だと確信する。「主権在民」「軍隊と交戦権の放棄」――憲法の理念と原則を貫くことこそ、この国の国民が危機から這い上がる足場・土台であり、復興・再生への視座なのだと思う。

日本国憲法は、国家のありようと基本を明確に厳重に規定している。この危機的な災害を前に、いま国家が何をなさねばならないのか？　それを考え直す重要な時だと思う。

いま国家は何をなすべきか？　その答えは日本国憲法各条に明記されている。（憲法こそが、「最高法規」であり、それは国家と権力のありようを厳重に方向づけ、義務づけている。）

たとえば第三章「国民の権利および義務」、とくに第十三条「個人の尊重」（「すべて国民は、個人として尊重される。生命、自由及び幸福追求に対する国民の権利については、公共の福祉に反しない限り、立法その他の国政の上で、最大の尊重を必要とする」）をはじめ、各条項のなかにある。

復興・再生のその方向は、あくまでも「だれのために、何のために」――、つまり故郷と自然の復興であり、そこに生きる住民・主権者のための、「豊かなみちのく」「豊かな日本列島」の暮らしへの変革でなければならない。

それには「屈辱的な対米従属」、そして「核・原発依存の国策」をいまこそ、きっぱりとやめねばならない。それこそが、日本をこれ以上、放射能汚染にまみれた「沈黙の列島」にさせない唯一の道である。

（二〇一一年五月三日　憲法記念日に記す）

福島原発事故　主権者としてするべきことはたくさんある

安斎育郎

（聞き取り・まとめ　桐田勝子〔憲法9条・メッセージ・プロジェクト〕）

ぼくは、東京大学工学部原子力工学科の第一期生（一九六二年）です。ある意味で、この国の原子力開発の草分けのところに位置していたわけです。その後一貫して原発政策を批判する側に身を置いてきたとはいえ、このような大事故を防ぎきれなかったことに、いま、痛恨の思いを抱いています。それは、戦争の時代に批判の側に身を置きながらも、結局、戦争を防ぎ得なかったことに苦しんだ知識人の気持ちと相通ずるものだろうと思います。これは、平和のうちに生きたいと願う者なら、あらためて肝に銘じるべきことではないかと思うのです。

原発事故～最悪に備えて最善を尽くすこと

二〇一一年三月十一日午後二時四十六分、東北地方の太平洋沖でマグニチュード9・0の巨大地震が発生しました（東日本大震災）。

地震のエネルギーは、どれほどのものだったのか？　二月二十二日に日本の留学生たちも災害に巻き込まれたニュージーランド地震の約一万一〇〇〇倍、一九九五年一月十七日の阪神淡路大震災の約三五〇倍、一九二三年九月一日に起きた関東大震災の約四五倍に相当する、度外れた地震でした。しかも沖合で起こったため、津波がとてつもない勢いで襲いかかり、福島第一原発の一号機から四号機までが事故を起こしていきました。

一〇メートルの堤防も軽々と越えて内陸までやってきた巨大な津波で、何万という人が死傷し、何十万という方が被災し、いまも苦労しておられます。住宅、居住地も奪われ、食糧、燃料、医薬品の不足、寒さや衛生状態の悪化など、非常に困難な生活を強いられています。

また、大量の放射性物質放出を招いた福島第一原発の事故は、被災者にとっては、さらに追い打ちをかける災難でした。いまわれわれがやるべきことは、被災のどん底にある人びとが生きる希望を見いだせるように、支援することです。目の前の事実を見据えつつ、その克服のためになにができるかを等身大で考え、事の大小にかかわらず実践することが重要です。

危機管理の鉄則は、「最悪の事態に備えて、最善を尽くすこと」です。

ところが、危機管理にあたる電力企業、原子力安全・保安院（経済産業省）の言っていることが、国民の多くにとって信じられない。とくに東京電力は、これまでさんざん隠しごとをし、ウソをついてきたので、信じられない。

①隠すな　②嘘をつくな　③意図的に過小評価するな

この三原則を守ること。私たちは、それを彼らに求め続けることが大切です。

「最善のことをやっています」と言って、どうも最悪の方向にズルズルといっているような印象をうけます。声高に叫びながらいっしょに見張りましょう。

非常用炉心冷却装置は、いざというときちゃんと動くかが問われてきた

日本の原子力発電は、「軽水炉」というアメリカで開発された原子炉を使用しています。軽水炉は、緊急時に運転停止したあとも、炉の中にある燃料棒が自身の出す熱（崩壊熱）で溶けないよう、強制的に冷やし続ける必要があります。そのために非常時に冷却水を循環させる仕組みがあります。ところが、今回の事故では、津波によって冷却系統を動かす電力をすべて失ってしまいました。発電所なのに電力がない。複数系統ある冷却装置のバックアップも同じ原因ですべて使えなくなりました。

炉心を冷やす水が供給されない「冷却材喪失事故」は、約五〇年前から「軽水炉」の課題でした。制御棒が入り、原子炉の運転停止後も水で冷却し続ける仕組み（非常用炉心冷却装置・ＥＣＣＳ＝Emergency Core Cooling System）が、いざというときにちゃんと動くかどうか、という実証性は、ずっと問われてきました。

弱冠三二歳の青年が、国家と電力会社を相手に吠えていた

一九七二年、科学者の国会といわれている日本学術会議が開催した「原発問題シンポジウム」で、ぼくは基調講演をしました。そこで今回おこったような緊急炉心冷却系の実証性がないということを含めて、六項目の点検基準を提起し、日本の原子力発電が直面する諸問題について徹底的に批判しました。

「……しばしば、安全性を強調する立場から『原子炉には幾重にも安全装置が施されている』という解説がなされますが、基本的観点はそうではなく、本来危険なものだからこそ幾重にも安全装置が必

要なのであって、最も重要な点は、幾重にも施されているという安全技術が、過酷な事故条件のもとで、本当にその性能を発揮するであろう、という実証的保障がどれほどあるのか？　という点であります。……」

弱冠三二歳で怖い物知らず、ドン・キホーテのごとく国家権力と産業に立ち向かっていったんだけれど、三九年経って懸念が現実化してしまったいま、非常に悔しい。

批判者を排除する傲慢さ・狭量さが、今日の事態を招いた

そんなことをやったもんだから、ぼくはいろいろな嫌がらせを受けました。

この国は、政策遂行の邪魔になるような人は、徹底的に抑圧してきました。当時、東京大学医学部の助手をしていましたが、アカハラ（アカデミックハラスメント）を受けました。

ぼくの研究室では「安斎育郎とは口をきいてはいけない」と言われていたようですし、隣の席には東京電力から来た人が座っていて、ぼくが原発問題で次に何をやろうとしているのかを偵察していました。そういうのを世間では「スパイ」というんですが、講演に行けば「安斎番」という尾行が付く仕組みができていたり、ぼくの関連のお客さんが研究室に来ると、公然たる嫌がらせを受けることもありました。

教育業務はいっさい外されていましたし、研究発表も「教授の許可なくやっちゃいけない」と言われていた。無視して発表していましたけどね。

ぼくに教わりたい大学院生はどうするかというと、トイレでたまたますれちがったときに、「先生、今日お願いします」ってささやくんです。「わかった。今日は赤門前のＦ旅館をとっとくから来い」

とか「千駄木町の寿司屋にいるから来い」とか。大学っていうのは教えるところだと思ったら、外へ行かないと教えられない。ぼくの見解が週刊誌に載ったときには、主任教授がそれを振りかざしてみんなの前で罵倒する。そういう時代だったんです。

そのアカハラ体験に憂慮することは、「批判に耳を貸さない」あるいは「批判を抑圧する」体制がこういう事態を招いてきたということです。

また、地震大国の日本での集中立地や津波災害などさまざまな観点から、その危険性も指摘されてきました。しかし原発推進者たちは「反原発派だ」と壁の向こうに追いやり、私たちの言うことをいっさい聞かなかった。結果として、今回の事故が起こってきたので、これは相当やっかいです。

一六年で減価償却する原子炉を四〇年も使い続けていたのも、原発の発電コストを安く印象づける細工という面があります。

原発は「発電時に二酸化炭素を排出しない」として温暖化対策に有効とされてきましたが、燃料の製造過程や使用済み核燃料の再処理、放射性廃棄物の処分など発電前後をトータルすれば、二酸化炭素の削減効果はありません。原発を「安全でクリーンなエネルギー」として、俳優さんを使って宣伝してきたのもいかがなものでしょうか。

地震の巣窟の上に立てられた原発

危険を負う原発立地県と利益を受ける都市部とが分かれているようですが、例えば、「原発銀座」

といわれる福井の原発で今度のような過酷な事故が起これば、これも重大なことになります。

放射能は、一〇〇キロメートルぐらいはすぐ飛んでいきますので、琵琶湖の水に依拠している関西各県の生活や産業は大きなダメージを受けます。

また、静岡県の浜岡原発は、「東海地震、南海地震、東南海地震が起こるだろう」といわれているその巣窟の上に建っているのですから、緊急の課題です。菅政権も浜岡原発の停止を中部電力に求め、企業もこれを受け入れました。問題はこれを機に、原発依存型ではない電力生産の方向に実際に舵を切れるかどうかです。

いま動いている五四基の原発を、ただちに全部止めるわけにいかないとすれば、その原発の安全性を担保するのは、緊急の課題です。安全審査のやり直しと総点検が必要です。そして、いま計画中の一四基については断念すべきです。まず、事故のさいの緊急時マニュアルの再検討と同時に、安全審査の大前提から見直すよう、電力会社にも国にも要請しなくてはなりません。

やっかいで危険な原発にエネルギー依存を続けるのか

福島第一原発は、当面何ヵ月もの間、冷やし続ける必要があります。そのうえで、安定的な冷却方法を確保して、しかも、もういちど密封状態にしなくてはいけないので、なかなかやっかいです。

廃炉は、技術的にも経済的にも大変です。周辺住民や農家や漁民などへの補償措置も含めると電力会社の損失は膨大になります。

歴史をたどってみますと、世界で一番最初に原発を開発したのは旧ソ連でした。一九五四年のオブニンスクの原子力発電所が人類初の実用規模の原発で、出力は五〇〇〇キロワットでした。「原発市場を支配できなくなる」と、アメリカはとても焦りました。そこで、軍艦に乗せてあった軍事用の原子炉を陸揚げして原発を作りました。産業化するとなると、大規模な原発を作らなくてはならない。万一事故が起こったとき、大量の放射能が漏れ、電力会社だけでは補償ができない。そこで「プライス・アンダーソン法」という法律を作って、「国家が補償の面倒をみるから安心してやれ」と企業に原発への道を歩ませたのです（一九六一年、日本にも原子力損害賠償法がつくられました）。

その後、アメリカで一九七九年のスリーマイル島、ソ連では一九八六年チェルノブイリで重大な事故が起こりました。原子力先進国の一つといわれた日本の今回の事故が、世界の原子力産業に与える影響は多大です。日本だけではなく、世界の教訓とされ、これほどやっかいで危険な原発に今後もエネルギーを依存し続けるかは、世界的な議論となってくるでしょう。

放射線の影響――身体的影響・遺伝的影響・心理的影響・社会的影響

身体的影響（放射線があたると身体に何が起こるか）

無駄な放射線は浴びないにこしたことはない

ある被曝線量以上浴びると、誰でも必ず急性の被曝障害が起こります（確定的影響）。一シーベルト（一〇〇〇ミリシーベルト）浴びると、悪心、嘔吐、下痢症状を起こします。四シーベルト浴びると、半数の人が一ヵ月以内に死ぬ。七シーベルト浴びると一〇〇%の人が、一ヵ月以内に死ぬほどの被曝です。大量にどかっと浴びると、急性の放射線障害が起こる。いまのところ福島では、そういう症状が起こるようなことにはなっていませんが、われわれにとっても心配なのは、ちょっとずつ、だらだらと浴びるタイプの被曝による影響です（確率的影響）。

将来、確率的に、癌や白血病が起こる可能性がある。

過去、一番浴びたのが、広島、長崎の被爆者集団ですが、一〇〇ないし二〇〇ミリシーベルト以上浴びた集団は、浴びれば浴びるほど、癌になる確率が増える。が、低いところはよくわかっていない。歴然たる証拠があるわけではない。

だから、「下の方では、そうした障害が起きない」と考える立場と、「放射線があたれば、DNAに傷がついて、細胞分裂をするときに、間違った情報を伝達して癌化する恐れがある。低いは低いなりに、それなりの確率で癌が増える」という考え方がある。

後者で見ておこうというのが、放射線防護学の基本的な立場です。一〇〇ミリシーベルト浴びると、癌の発生率が、〇・五%くらい増える。日本では三〇〜四〇%の人が癌で死亡しますが、例えば三〇%とすると、みんなが一〇〇ミリシーベルトずつ浴びると癌で死亡する人が三〇・五%に増えるということです。

普通に癌になった人と、放射線障害で癌になった人の症状は同じです。放射線障害の特徴は、特徴がないということが特徴です（非特異性）。その人が癌になったのは、たばこの吸いすぎなのか、ほかの有害物質のせいなのかわからないままに、集団全体としては癌が増える。

ぼくは、東大の医学部で放射線防護学を十七年やっていて学んだことは、「放射線は、浴びないにこしたことはない」ってことです。それ以上でも以下でもない。無駄な放射線は浴びないにこしたことはない。

だから、不要不急の外出は避けた方が良いし、明らかに汚染された食品と、そうでない食品があれば、放射線防護学的には、汚染されていない食品を選ぶべきだということは原則なんです。

この国は、妙なことに食品衛生法のなかに、放射能汚染についての基準が、この前までなかったんです。原子力安全委員会に言われて、厚生労働省が暫定基準を決め、「このレベルを超えたら市場にまわさない」という判断をした。

暫定基準以下のものが市場にまわってきても、やっぱり消費者としては気になる。例えば、福島県産と愛媛県産のものがあったら、愛媛県産を選ぶ。「なんで福島県産を選ばないんだ」という批判は、気持ちは理解できても、本来はそういう消費行動自体は糾弾されるいわれはありません。

そうすると、東北地方の産地は食えなくなるので、ちゃんと補償をしなくてはならない。

被曝者の側にある挙証責任で、どれだけ苦労したことか

わりに早い時期に、農林水産副大臣が、国会で「暫定基準以下の食品でも、事故が原因で売れなかった場合、補償の対象にします」と言ったんだけれども、これも、うかつに信じがたい。「あんたんとこが作ったほうれん草が、何キログラム、原発由来の放射能のせいで売れなくなったかを証明しろ」などと言われる恐れがある。そんなこと証明できるわけがない。

原爆の被爆者がどれだけ苦労したことか。「障害が原爆のせいだということを自分で証明しろ」と、挙証責任が被爆者の側にある。集団訴訟のときに、私もその理不尽さをさんざん証言してきた。こん

どの福島でもそういうことになりかねない。

四月十六日からガイガーカウンターひっつかんで福島に行ってきたんですが、原発周辺の土の汚染は深刻でした。いまから、生産者がのちのち不利に陥らないように、証明書の発行などをすべきでしょう。あとから「証明書を示せ」と言われたってできません。

現地で、四、五月に三回の講演もしました。ぼくを待っていた人は、七〇年代からいっしょに「原発反対運動」をやってきた仲間です。原発のすぐ近くに住んでいたから反対運動をやっていた、そういう人がいま、被災者になって避難しています。みんな非常に熱心に話を聴いてくれました。

遺伝的影響

細胞分裂のチャンスが多い子どもは放射線感受性が強い

いま妊娠している人が、いまの程度の放射能を浴びたからって、奇形が生まれるなんてことは、いっさいありません。広島、長崎の被爆者でも、被爆二世という言葉はあるけれど、被爆二世に明らかに白血病が多いなどというデータがあるわけではありません。

ただし一般的に、胎児や乳幼児は、次の点で重要です。

細胞のサイクルのなかで、細胞が分裂しているときが、放射線感受性がいちばん高いんです。細胞分裂のチャンスが多い子どもは、放射線に曝されるとリスクを受けやすいというのが一つ。

それから、当たり前のことですが子どもは小さい。例えば、ヨウ素一三一という放射性物質が身体にはいってくると、のどにある甲状腺という組織に溜まる。

放射線がどれだけ溜まって、どれだけエネルギーをだして、甲状腺が吸収したか

シーベルトを出すためには、甲状腺で吸収された放射線のエネルギーを、甲状腺の目方で割り算するんです。分母が小さい方が大きくなります。大人の甲状腺は二〇グラム、子どもは一グラムか二グラム。一〇倍から二〇倍も被曝が多くなります。だから子どもはなるべく放射能の汚染から遠ざけた方がいい。

この地域が汚染しそうとなったならば、ぼくみたいな年寄りは、放射線を浴びても癌になる前にどうせ他の原因で死ぬ確率が高いけれど、例えば妊娠可能年齢の女性は、お腹のなかには、一生に生む卵子があるから、それが被曝すると、その影響が蓄積されます。妊娠可能な女性と、乳幼児と、子ども、胎児を最初に避難させる必要がある。

どうするべきかを具体的に　詳細で「スピーディー」な情報の公開を

困ったことにこの国は、地図の上にコンパスで線を引いて、二〇キロから三〇キロの人は屋内待避とか決めたんですよね。放射能は同心円で広がるわけじゃありません。この時期の風向きとか、風速とか雨がどのくらい降るか、地形がどうかなどに応じてまだら模様に、帯状にいくんです。

原発を計画するときには、「いつどこでどういう事故が起こるか」わからないから同心円でやらざるを得ないんですが、実際に事故が起こったら「どっちから風が吹いていて、何メートルの風速で、一雨がどのくらい降っているか」のデータをいれると、コンピュータで計算できるんです。それは、一九八六年から日本原子力研究所というところが、その名も「スピーディー」なるプログラムを作りました。それに入力すると、どこにどれだけ放射能が広がりそうかというのがだいたいわかる。光化学

スモッグ注意報と同じです。毎日予報を出して、「今日はこっち方面に午後風が吹いているので、その時間帯は、家の中にいてください」など、もっと具体的に出すべきです。「スピーディー」の開発には一〇〇億円以上投じられたといわれますが、それが有効に使われず、結局百円のコンパスで同心円が描かれたというのでは、笑い話にもなりません。

また、ほうれん草なども汚染しています。「基準値を超えています」というだけではなく、調理の段階でどれくらい減るのかも、ちゃんと研究しているんです。学会でもさんざん発表されてきて、原子力環境整備促進・資金管理センターが、一〇年以上も前に、「穀類、肉類、魚類」「洗うとどのくらい減るのか」などを冊子でまとめています。「基準値以下だけれど、市場に出回っているものは、もし食べるんなら洗うとこれくらい落ちます」「魚は内臓に溜まるから、内臓をとっちゃえば、放射能は少なくなる」。そういうことも具体的に言えば打つ手もあるんだけれど、「市場に出回っているのは基準値以下のもの」っていうだけじゃ、みんな気持ち悪いから避けるようなことになりかねない。

心理的影響・社会的影響

むやみに怖がるのは差別につながる　情報発信者の信頼も大事

それでいま問題になっているのが、心理的影響。汚染しているっていうだけで、心理的には影響を受けるので、きちっと説明しないといけない。ほっておくとそれが社会的影響、風評被害になってどんどん拡大し、ついに国際社会にまで広がって、日本からきた食料は輸入しない、ということになる。放射能に対しては世界中が怖がっているんです。社会的影響がでないようにしないといけない。

むやみやたらに怖がるのは、差別に繋がる。いますでに、福島から関西に来ている人に、「この人は汚染しているので、近づくと二次被曝をする」というような偏見も生まれている。東京でも医者へ行くと「汚染されていないという証明書をもってこないと診察しない」と言われたりしているので、いま汚染のレベルがどれくらいなのか、科学的にきちんと理解し、理性的に怖がる必要があります。

そのためにも、発表する人に信用がないといけない。

東京電力と、安斎育郎とで、「汚染したほうれん草を食べたらどれくらい放射線を浴びるか」の計算は本来同じです。東京電力が言うと事故当事者で原発を推進してきた人だから「隠してるに相違ない」「ウソついてるんじゃないか」と思うわけです。そりゃだって、さんざんほんとにウソついてきたんだから……。

一九七〇年代に福島第一原発で火災事故が起こったのに報告しなかった。田原総一郎っていうニュースキャスターに情報がいって、追及されてやっと白状したり、日本で最初の臨界事故の事例だったのに隠していた。「当時は報告義務はなかった」と言って、あきらかになったのは二八年くらいあとなんです。いままで隠しごとをしたりウソをついてきたりしたから、このときだけ正直に言うとはなかなか信じられない。

政府がいま信用がなくなってきているのでやっかいです。

普段から信頼関係を保っておかないと、肝心なときに情報も発信しにくい。それを深く反省してもらったほうがいいですね。

「喉元過ぎて熱さ忘るる」にせず、国政選挙の争点にしなければ

この国は、端的に言えば、食糧とエネルギーが、アメリカに支配された状態になっています。これは、戦後史のなかで、日本の占領政策に成功したアメリカに、食糧とエネルギーを従属下に置くという大戦略があったからです。もっと自主性を高め、エネルギー生産のあり方を検討しなくてはいけないと思います。

①原子力依存を計画的に減らすこと、②代替エネルギー開発の促進について、技術面だけでなく、法制上の検討も急ぐこと、③電力生産の国有化を検討すること、④大規模電力貯蔵技術の実用化を急ぐこと、⑤消費電力の節電を「生産・流通・消費・廃棄」の全般にわたって推進すること。

われわれ自身、これからのエネルギー生活をどうおくるのかということについても、よく考える必要があります。「自動販売機文明」に我々が身を委ねているだけでも、原発三、四基分の電力を使います。「自動販売機なんてなくても死にゃしない」「いや、そんなことを言ったら、自動販売機に飲み物を運んで入れている若い人たちの仕事がなくなる」という問題も付随しておこるにせよ、我々の電力消費生活のあり方そのものに検討を加えて、国が、原子力依存のエネルギー政策を続けるのかということについて、「喉元過ぎて熱さ忘るる」にしないで総選挙の争点になるくらいに、主権者みんなが関心を持続しないと、だめだと思います。

（二〇一一年五月十三日）

福島原発事故をめぐる緊急インタヴュー

安斎育郎
（聞き手／西谷能英）

――原子力開発の危険性は今回の福島原発事故であらためて顕在化しました。唯一の被爆国であり、しかも地震多発国、海に近いため津波の被害にも弱い国でありながら、世界でも有数の原発国であるという矛盾をどう考えるべきでしょうか。

安斎　この国は地震の巣窟といわれていることからすれば、潜在的リスクの大きい方法ではなく、別のエネルギー生産の方法をとるべきで、それは科学的に考えれば当然のことです。

では、なぜ原発推進が国策として推進されてきたのか。

それは、この国の電源開発が、科学性を土台に置くのではなく、アメリカとの従属的な関係とか、政府財界の利潤追求の道とか、そういうことに押し流されてきたことに起因します。それこそ津波のごとく、ね。以前、ある電力会社の副社長が「原発を作るのにいちばんいい条件はなにか」と言ったら、「政治的地盤が強くて、経済的地盤が弱くて、自然科学的な意味での地盤はその次くらいでもいい」と。だから、政治経済の波に、津波のごとくさらわれていったっていうのがいまの姿なんじゃないかと思いますね。

――浜岡原発のようにもともと地盤が弱く液状化が心配されるような原発をはじめ、いますぐにでも停止すべき原発は日本国内にどれくらいあるのでしょうか。そのためにはどのような手続きが必要と思われますか。

安斎　原発は五十四基稼働中だったわけで、これからさらに十四基造るという計画さえあります。浜岡原発のように、地震列島日本のなかでもとくに東海地震の巣窟の上にある原発については、造るべきではない、という主張をわれわれは七〇年代の初頭からしてきました。こんどの東北地方太平洋沖地震が一大プレートのずれとして起こった結果、余震域を見ても南の方にずれ込んでいるような印象があるなかで、これが東海地震とか南海地震とか、東南海地震に連動しないという保証はない、と地震学者も示唆しています。浜岡原発は早く停止させ、使用済み核燃料の冷却系も浜辺に置いておくんじゃなくて、きちっと保全したうえで、他の発電方式に切り替えていく必要があると思う。

五十四基のうち、こんど事故を起こしたものや点検中で停止していた分を除いて、四十基あまりがなお動いているわけです。エネルギー生産のうち、少なくとも関西圏だと四割、日本全国でも約三分の一が原子力発電によるものです。その状況をただちに変えることができないとするならば、稼働中の原発の安全性を、安全審査の段階にまで立ちのぼって再び審査し直すことが必要です。また、機器というものは、運転を始めてからあちこち異常が生じたりするものですから、その実績に応じて総点検を徹底的にするということがひとつ必要ですよね。電力会社が実際にそういう行動に移すためには、市民が主権者であるこの国のありようとしては、立法府である国会、あるいは行政府が、方針に基づいて、企業に対して強制力のある命令を発することがどうしても必要になります。

福島原発の事態のなかで、心理的にいま反発が非常に強まっているということはたしかです。われわれ市民も、それを心のなかでの反発にとどめることなく、この国のエネルギー政策のあり方を含む、国のあり方の問題として、立法行政、あるいは産業構造のあり方にまで反映させていく必要があると思いますね。

――福島原発をはじめ、老朽化したり、事故を頻発させている原子炉を廃炉にするには、それ自体、莫大な費用と長期にわたる時間を必要とするようですが、核燃料廃棄物の処分問題もふくめて、どういう問題があり、どう解決すべきなのでしょうか。

安斎　「電力生産の費用を原発でやると安いんだ」ということを印象づけるために、核燃料廃棄物の処分にかかる費用などは、これまで非常に恣意的に、電力コストの計算に反映されてこなかったんですよね。とくに原発というのは、もともと減価償却は十六年だったわけですが、一九九九年にそれが四十年に改められます。十六年で減価償却したものをそのあと運転すればするほど、原価計算は安くなる。原子力発電が他のいかなる発電方式に比べても、一キロワット当たりの生産費は安いということになっていたんですね。

ところが福島の原発事故が起こってみると、東京電力の事故による補償は少なくとも五兆円から十五兆円くらいの間だろう、いやそれを超える可能性もある。それからあの事態を収めるために、実際必要となる金も六千億とか七千億かかるんじゃないかと言われています。事故が起こったときの補償まで念頭に入れたらば、とても成立しないような金額になりますね。核燃料廃棄物もこれから何百年安全に管理するのか、何千年、何万年管理するのか、という問題もそこに加わり、発電原価というものはまったくちがってくるわけです。

安い原発を演出するために、トータルシステムとしての原子力発電の安全性がないがしろにされてきたといえます。この国が原子力発電に一定期間頼らなければいけないとすれば、そのへんの問題や電力単価の計算を含めて、もう一回やり直しということでしょうね。おそらくいまは、廃棄物の処理処分などに、電力会社の金だけではなくて、膨大な国家予算が使われている。今後、そういうことでほんとうにいいのかどうかを、国民が選び取らなくちゃいけないと思いますね。

――現在、ヨウ素やセシウムといった核汚染が問題になっていますが、ウランやプルトニウムのように半減期がもっとずっと長い核物質の汚染については取りざたされていません。これはほんとうに問題ないのでしょうか。

安斎　核分裂反応を起こしたときに、ウラン二三五とか、プルトニウム二三九とか、原子核は、まっぷたつに割れるのではなくて少し偏りが生ずるのです。二つの核分裂破片には、質量に偏りがあるんですね。ちょうどその領域にヨウ素やセシウムやストロンチウムが分布しています。これらの放射性核種がとくに問題になるのは、原子炉の中でできやすい、というのがひとつですね。

それからヨウ素やセシウムは揮発性が高い。ヨウ素はそもそも、紫色の気体が発生する異様な物質があるというので、一八一一年に見つかりました。セシウムもまた揮発しやすく、原子炉の中でできやすいうえに環境に飛びやすい。とりわけヨウ素は身体に入ってくると、甲状腺ホルモンの必須元素として取り込まれやすく、甲状腺癌などの発生に結びつく被曝をもたらしやすい。セシウムも、広がったうえで水に溶けやすく、身体のなかに入ってくると全身に分布して、いろいろな種類の癌などの危険を増す。そういうことでとくに問題になったんです。

ウランは自然界でいちばん重い元素で、ウランが中性子を吸収してできるプルトニウムは人工的に作られた非常に重い元素です。いずれも通常の放出状態では、それほど遠くに飛ぶことはないんだけれども、大量に出てくればそれも環境汚染に結びつくおそれがある。ウラン、プルトニウムの核物質的な特徴は、α線やβ線やγ線を出しながら、次々と崩壊していって、最後は鉛になるので、十回以上放射線を出し続けるわけですよね。ウランやプルトニウムが出すα線というのは、空気中で二、三センチしか飛ばないから、これが身体の外にあるうちは被曝の問題はまったくないんだけれども、身体のなかに入ってくると、避けようがない。細胞がもろに被曝して、非常に大きなダメージを受けるんです。それはたえず監視していかなければいけないことだと思いますね。そういう危険性は、原発事故が進行中の現在、ほんとうにはまだ去っていないということでしょうね。

半減期もウラン二三五で数億年、二三八が四十五億年、プルトニウム二三九は二万四千四百年です。身体のなかに入ったときに、それが肝臓とか骨とかにたまります。出て行く速度はそれに比べればずっと速いけれども、その間にα線のような強烈な被曝を次々と起こすので、注意が必要です。プルトニウムは、原発のすぐ近くの土壌で検出されたとアナウンスがあって以来、いまのところ報告はないんですけれども、これは監視し続けなければならないでしょうね。

その意味では、放射線防護学の専門家たちが、どうして特別調査団を派遣しないのかを不思議に思っています。四月十六日にぼくは現地に入ったんだけれども、二十二日からもう立ち入り禁止になっちゃったのね。現になにが起こっているかというのをいま知るためには、政府機関が計ったデータだけじゃなくて、民間のさまざまな研究者が現地に入って調べなきゃいけない。学会の特別調査団ならできる状況にあると思うんですけどね。個人任せにしないで、ぜひそうやって実態を調べ、もっと精密な汚染地図を作って、住民の帰還計画や農耕再開計画の策定に役立ててほしいと思いますね。

――日本の原発は国内電力の約三〇%を供給していると言われています。原発をやめればその分だけ電力供給が減少するわけですが、これに代わる代替エネルギーの開発が急がれることになると思います。具体的にどういう方策が可能でしょうか。

安斎　そうですね。よく言われるのが、太陽光とか風力とか自然エネルギーに変えていくという方向ですけれども、それは、原発をやめて数年でできるというほど簡単なことではない。太陽光発電や風力発電そのものがもっている固有の問題、生産する過程の安全性の問題を含めると、国家百年の計が必要だと思うんですよね。原発がこれだけの危険性を孕んでいるということが明らかになった以上、一時的に火力発電、とくに日本だと石炭火力へ依存する割合が増える可能性はある。

一方では、電力というのは一年じゅう同じ割合で使っているわけではなくて、夏と冬にピークがあるわけですよね。それを平準化する、要するに春と秋の余っている電力を有効に使うためには、大規模な電力貯蔵技術を開発するということが必要です。いま現実的な電力貯蔵技術は、揚水式の発電所です。昼間水力発電で下に落ちてきた水を、使用量の少ない夜の電気を使ってもう一回上に上げておいて、昼間使う。これは電力貯蔵技術の最たるものなんだけれども、もっとなにか超電導技術などを使った大容量の電力貯蔵ができるようになれば、電力をいっぱい使う夏とか冬場に、春と秋に貯めておいた電力貯蔵施設から送ればすむということですね。

一年を通して電力使用を平準化することも必要です。冗談めかしてよく言っているのは、夏の高校野球を秋に変えただけでずっとちがうわけですよね。お盆すぎのものすごい暑い時期に、みんな部屋を閉め切ってクーラーつけてテレビを見ている、というのが最悪な事態なんです。もうひとつは節減型の電力消費生活のあり方を求めていくこと。これもよく言われるように、自動販売機文明に身を寄せることをやめただけで原発数基分のエネルギーは不必要になる。そういう卑近な問題を含めて、「これは電力生産技術の問題だ」などと言っていないで、電気を消費する側としても「どういう生き方が価値のある生き方なのか」という価値観の転換を含めて考えていく必要があると思いますね。

いずれにしてもわれわれはこの事故を忘れずに、国家百年の計を作るために積極的に発言していく必要があります。

――原発はCO2を出さないというのがひとつの売りなんでしょうけど、そのあたりはいかがですか。

安斎　原発がCO2を出さないというのは、トータルシステムとしてみれば嘘です。核燃料をもって濃縮ウランを作り、燃料に加工して運んできて、原発で核分裂反応を起こしているときはCO2を出さないけれども、そのあとまた廃棄物の処理処分から再処理などの過程でトータルシステムとしては膨大な電力を使っているわけですよね。原子力発電所の舞台からは直接二酸化炭素をあまり出さないけれども、前段階とか後段階で膨大な電力を使っている。火力に比べれば二酸化炭素が少ないって話は、原発段階だけのことで、トータルシステムで見るとそうとは言えない、ということですね。その電力はけっきょく火力発電で生産したものだから、それは嘘である、ということがひとつですよね。

それから原子力発電所も温排水というのを大量に排出します。タービンを回したあとの水をもう一回戻すために、百万キロ原発で毎秒六〇トンとか七〇トンの海水を使っているわけです。これは周りの海水よりも七度から九度くらい温度が高くなります。溶存できる二酸化炭素の量は温度が高くなるに従って少なくなります。ですから海水に溶けていた二酸化炭素は溶けていられなくなって出てきます。一〇〇万キロワットの原発を一日運転すると、およそ一〇〇トンの二酸化炭素が大気中に放出される勘定になります。

――核汚染された土壌や漁場など、本来の状態に復するためにはどれぐらいの時間が必要であり、それを短縮するための対策は考えられるのでしょうか。

安斎　これから寿命の長い放射線物質が生き残って、放射線汚染の主たる原因になるなかで、土にしみこんじゃうと長丁場になるわけですよね。だからぼくは、短期間で農耕を再開できる可能性のある地域は、畑の表層土を削り取ることが現実に必要だと思っているんですね。福島市の学校グラウンドの使用などについても政府は時間制限を指示したんだけれども、そんなこと言っているうちに、表層土を一センチか二センチ削り取ってグラウンドの横に作った穴に封じ込めるようなことをどうしてやらなかったのか、ね。

どうもこの間の政府の対策を見ていると、最善を尽くしているとは言いがたいですね。待避地域は同心円を描いてきわめて非現実的な決め方をした。あれも一九八六年から稼働しているSPEEDIという原子力研究所のコンピュータープログラムを活用して、現実的な評価モデルに基づいた待避なり避難なりを指示するべきです。福島で事故が起こって風速風向がどういうことで雨がどれくらい降るってわかれば、帯状に広がる放射能の汚染状況がわかる。

とくに高いところの土は削り取るとかね、梅雨時が来てしみこむ前にそういうことをやるのが必要だと思いましたね。海の場合は、海の水を削り取るわけにはいかないので、かえってやっかいなんですけれども、これはもうひたすら稀釈効果と、時間経過による減衰にしか依存できない。

放射線防護学の原則からすれば、危険なものを管理するには一箇所に集中させるか、ばらまいちゃうかどちらかなんです。それで、この前の低レベル廃棄物のタンクはばらまいちゃったんですよね。捨てちゃったんです。大あわてで捨てたのでしょう。漁協にも相談なく、大使館にも捨てたあと連絡するっていうことをやっているんですけれども、ほんとうはどうにかして封じ込めた方がいいんです。敷地の中に幅二メートル、深さ三メートル、長さ一キロくらいの緊急塹壕を掘ってね、簡単にしみこまないようなガラス硬化体とかを使って封じ込める。大きな池を掘っちゃうと屋根を作るのがたいへんなんですけれども、幅二メートルなら、簡易な屋根を作ることもできる。ぼくはやっぱり、そういうことをやってそこにとりあえず逃がしておいて対処するのが、緊急対策としてよかったと思うんだけれども、とにかく原子炉を冷やさないとどえらいことになるっていう一心で流しちゃったんですね。流しちゃったらもう、海に薄まるのを待つばかりで、あとは監視するしかない。どういう魚、海草などにどれくらいの放射能があるかを監視したうえで、市場に提供していいかどうか判断して規制をするしかなくなっちゃったというわけですよね。

一九五四年のビキニの水爆実験のときには、太平洋じゅうにばらまかれたんですね、新たな海流まで発見されたくらい。三千八百キロ離れたビキニから日本の海の近くまでやってきました。だんだん薄まっていくから、ホットスポットっていう放射能の塊みたいなところがだんだん少なくなってくる。何年かかるか考えなければならないんですが、やっぱりそこで捕れた魚で最終的にチェックして、市場に出すか出さないかの判断を厳格にやらなければいけないということでしょうね。

――ヨーロッパなどでは、日本の報道と異なり、半径三百キロはいずれデス・ゾーンと化すと予測しているところもあるそうですが、それはどのぐらいの信憑性があるのでしょうか。

安斎　このまえ福島に行って計ってきた範囲では、汚染が現段階にとどまっているかぎり、こんなことはない。脅しとしてはあるかもしれないけれども、こんなことを言ったら被災者の不幸に追い打ちをかけることになるので、あまり定かな根拠のないものは言いふらさない方がいいと思っています。

けれども、一方で気になっているのは、事故はなお進行中であるということですよね。

三月三十日に原発推進に協力してきた十六人の科学者たちが、政府に対して緊急建言というのを出しました。その冒頭に、「この国の原子力を先頭だって推進してきた者として国民に深く謝罪したい」と書いたあとで、最悪の事態として想定されることが書いてある。

最初海水で冷やしたから、それが熱い核燃料に触れれば、蒸発していって塩ができるわけですよね。原子炉の底に塩だまりができていて、その塩だまりのなかに燃料ががらがらと壊れたり溶融していたりすれば、水との接触面積も減るので冷やされにくくなる。それが進むと原子炉の底が熱くなって、十六センチの鋼鉄も溶かす。それを包んでいる格納容器も破壊して、その過程で強烈な放射線が水と反応して水を分解して水素が出る。壊れた核燃料の被覆管のジルカロイ金属と反応しても水素が出る。分解した水の一方は酸素だから、酸素と水素がふたたび結合すると水素爆発を起こして、大量の放射能が出てくることになりかねない。そのような放射能放出の危険性は、三月三十日時点の十六人の建言書でも「排除できない」と書いてあるわけですね。

事態はその後も変わらずに続きました。

「原子力もとを正せば原始的」とだれか川柳を書いていたけれども、これだけの近代的な技術がいざ事故を起こすと、水をかけて冷やすしか手がないという事態。冷やし続けないといけない。冷やすのに六ヵ月ないし九ヵ月とりあえず様子を見るということだけれども、現場の危機はいっこうに立ち去っていません。いま放射能が横ばいないし漸減傾向とか言っても、ここは最大限われわれは注意を集中しないといけませんね。

その意味で、これまでも言ってきた「隠すな、嘘つくな、過小評価するな」「最悪に備えて最善を尽くす」という危機管理の基本を貫いてもらわないといけないと思います。そして、半径三百キロが住めなくなるとかいう「デス・ゾーン＝致死地帯」などにならないようにしていかなければならない、ということでしょうね。

いま現場に入って感じたことは、たしかに、このまま農民が帰ってきて暮らせるなんていうレベルを超えている地域があるんですよ。それは厳密に監視しないといけないし、同じ浪江町のなかでも非常にまだら模様があります。高汚染度地帯とそうでないところを精密に測定して、現場に戻れる可能性のあるところはいち早く手を打つことが必要です。表層土を削り取って、新たな汚染に備えてビニールシートをかぶせるといったようなことは可能なことです。

三十年前の本ですが、『原発事故の手引き』（ダイヤモンド社）にもそんなことが書いてあります。三十年前の本が役立つようだと困るんだけれども、できることは全部、やるべきことはすべてやるべきだということですね。だからあまりこういう情報に振り回されずに、この国の科学者たちが独自に調査をして、それに基づいて見立てをするということがとても大事だと思いますね。

〔対談〕原発災害から何を学ぶか

安斎育郎
柴野徹夫

科学者として現場に

柴野　「想定外」とされる原発災害は、あらゆる意味で深刻な事態を引き起こしています。原発内では、まだまだ予断を許さぬ危機的状況が進行中ですが、さっそく先生は福島・浜通りにガイガーカウンターを持って入られたそうですね。ひとことで、かの地の印象はいかがでしたか？

安斎　ぼくが入ったのには、二つわけがあってね。一つは、放射線防護学などを専門にしている科学者としては、やっぱり「なにが起こったのか」ということを知る必要があるということ。

柴野　科学者として、現場でね。

安斎　そう、「現場で事実に即して」というのが一つ。それと七〇年代初頭、あるいは六〇年代の終わり頃から、この国の原発政策批判に身を置いてきたとはいえ、結果としてこういう事故を防げなかったということに対する、内心忸怩《じくじ》たる思いがあるんです。「申し訳ない」という気持ちが非常に強いんです。だから、そのためにも専門性を活かして少しでも実態を科学的に解明して、「そこから何を汲み取るべきか」というのを、人びとに知らせる社会的責任がある、ということですね。

もう一つは、七〇年代から現場でずっと福島原発の反対運動をやってきた人たちが、「自分が住んでいた地域から、もうみんな強制排除されちゃったんだけれども、いったいどんな汚染が起こっているのか調べてほしい！」という要請もあった。

で、行ってみたらば、例えば牛を飼っている人が「二本松に避難してるんだけど、牛にエサも水もやらなくては死んでしまう。これから先、それが売り物になるか、ならないかにかかわらず、三日にいっぺんは戻っている」って言うんですね。そこは浪江町と飯舘町の境目のあたりで、とても放射能が高いところでした。だから「そこを検査してもらって、そこに戻って住めるのかどうか？　情報がほしい」ということもありました。

まぁ、案の定といいますか、非常にすさまじい汚染が残っていて、とにかく「スピーディー」というプログラムで予想された領域に沿って北上して行ったんですが、非常に高いところと、そうでもないところが、まだら模様だ、ということが一つね。

高いところは、東京の自然放射能平常時の放射線のレベルの約七百倍ぐらいありました。そういう意味では、さっき言ったように、きちっと見立てたうえで、農業をふたたび営める可能性があるところについては、早め早めに手を打つことが、せめてもの責任じゃないでしょうかね。

日本という国の断面　時代の本質

柴野　科学者の社会的使命、それを自覚して「行動する科学者」の姿。その凄さに頭が下がります。同時に科学者の自省もさることながら、ぼくは一ジャーナリストとして、われわれの力不足に対する反省にかられます。今回の災害について思うことが、あまりに多いのです。大災害は、その時代その国の正体・断面を、瞬時に浮き上がらせるといいます。

　今回の場合、とりわけ日本の断面、現在の姿とは何なんだ？　ということをしきりと考えます。日本の断面――もう、日本の素顔・姿を文化、経済、政治、軍事、教育……いろんな角度から赤裸々に、われわれにいっぱい見せつけている、と思うのです。

　それにつけても日夜、連日テレビや新聞、この問題でもちきりなんだけれど、そのわりには、いちばん大事な「時代の本質」というもの、それからなぜこうなっちゃったのか？　いつからこういうことになったのか？　そしてこの国は、このあと、どこへいくんだ？　ぼくらは何をしたらいいんだ？と。つまり主権者であるわれわれがいま、いちばん考えなければいけないことを、マスメディアは示してこなかったし、今も示せていない。そこのところでぼくは反省にかられるわけです。それだけに、未來社のこの本のなかでは、どうしてもそれを少しでも理解してほしい、という思いなのです。

対米依存を突っ走ってきたこの国のありよう

安斎　ぜひそうしてもらいたいですね。ぼくのこの安斎科学・平和事務所は四月一日に開いたんだけど、そのあとすぐ江川紹子さんからメールが来て、「安斎先生が人生をかけて提起してこられたのは、このことだったんですね」と。そして「私もジャーナリストとして責任を感じる」というので、すぐにここに来られて、一時間以上もインタヴューしていかれたんですけどね。

たしかに、「いまこの国に、どんなことが起こっているのか?」っていうことでは、連日情報はあふれかえっているんだけれど、「戦後の日本のあり方」として、「いつからこういう火種が孕《はら》まれてきたのか?」ということの本質、そこのところが、なかなか出てこないんですよね。それが出てこないと、結局、これを教訓にして、「この国のあり方として、これからどうすればいいのか?」ということも見えてこないんです。

放射能の現象があまりにも印象づけられてきたけれども、「そういう怖い放射能だからこそ、そういうことをもう二度と起こさないためには、エネルギー政策だけではなく、《対米依存の道を突っ走ってきたこの国のありよう》そのものを変えていくような方向に進んでいかないといけない」わけですね。

CIAと正力松太郎、中曽根康弘

柴野 まさにそうですね。じつは最近、おもしろい本を読みました。早稲田大学の有馬哲夫さんがお書きになった『原発・正力・CIA』(新潮新書)。これは、CIAの秘密文書を翻訳・紹介した本です。アメリカでは三十年経つと外交機密文書が公文書館で閲覧できます。有馬さんはその秘密の公文書のなかに、戦後日本の断面を見つけられた。

それはCIA(アメリカ中央情報局)が、正力松太郎にくいついて、さまざまな対日工作を重ねてきた。CIAが本国とやりとりする機密文書からそれがもろに読める。それを見てますと、じつは正力さん、そしてあの当時の自由党や改進党や……。

安斎　中曽根康弘代議士。

柴野　はい、中曽根康弘さん、こういうひとたちがもろに「原発をつくれ」と、そして「国策」として、それを推進してきたんだ、ということがわかる。

それに対してＣＩＡは、初めは国務省からの返答をＣＩＡが伝えるんですが……、要するに「あの戦争をやってきた日本に原発を渡せば、すぐにも核兵器をつくりそうだ」というので、一時はそれを断わったりしてるんだけど、そのうちけっきょく、アメリカ政府も考え方を変えて、「やっぱり原発を日本に持ち込め！」と。

で、そのときのＣＩＡの指令はですね、日本に持ち込むのは原発だけじゃなく、軍備・自衛隊も教育もマスメディアも情報網も、さらに文化工作といいますか、アメリカ映画や音楽、ディズニーランドも含めてすべての商品なんです。

だから正力と読売新聞、そして正力が要求していた日本テレビを筆頭とするテレビネットワーク、「それらを通して親米世論を組織せよ！」というのが、米国務省からの日本ＣＩＡ極東支部への正式指令だったんですね。そうして振り返ってみると、こんにちの原発列島のスタート地点といいますか、その背景にあるものが、くっきりと見えてくるんです。

一国の支配は食料とエネルギーから

安斎　それはだから、敗戦処理のアメリカ主導のあり方にまで結局たどり着きますね。われわれがあの戦争を振り返るとすれば、戦争の始まり方に対しても深い反省が必要だけれども、戦争が終わったあと、この国のありように決定的な影響を及ぼしたアメリカによる占領支配政策にいきつきます。その延長線上で、戦後の昭和二十五年、一九五〇年の朝鮮戦争以来の日本が「アメリカの下僕《げぼく》」として位置づけられてきた。

「一国を支配するには、食料とエネルギーを支配すればいい」という政策のもとで、完全にそうなってきたわけですね。いま食料も完全にアメリカに支配されています。アメリカは広大な牧草地帯をもっているから食いきれないので、それをどこに売るかっていったら、「占領政策がうまくいった日本に売る」っていうことからはじまって、日本の食文化そのものを変えてきたわけですよね。もともと米文化だったのをパン食に、麦とかトウモロコシに変えてきた。トウモロコシを食わせるには家畜、肉文化に変えればいいわけで、ラジオとかテレビでもさかんに食肉文化に変えさせていって、その結果がこうなってきている。

アメリカはきわめて戦略的に他国を、CIAの構想に基づいて強引に展開していく国です。よく言われるんだけども、日本人が美人コンテストで優勝したっていうので喜んでいたら、じつは化粧品会社の戦略だった。優勝させておけば、「日本人でもこの化粧品を使うと世界一になれるんだ」っていう文化までつくり出すわけね。そういう面があるので、きわめて根深いものだと思う。

その延長線上で、日本の電力生産が、当時は日本発送電株式会社という一社で、しかも水力発電が八割ぐらいを占めていたにもかかわらず、アメリカの手によって九つの地域電力会社に分割された。表向きそれは「経済の民主化」と「財閥解体路線」と言ったけれども、ほんとうは別の意味をもっていた。「関西電力はここからここまでだ」って持ち分を定められれば、戦後復興の過程で、大阪や神戸で使う大電力を水力発電でまかなえるはずはないから、火力発電所を置かざるをえなくなる。最初のうちは火力発電も石炭火力も許したけど、五〇年代には石炭つぶしにかかる。三井・三池炭坑にいたる過程を歩んでいって石油になる。

石油になれば、アメリカは原油を掘って、精製して国際市場に売りつけるところまで全部支配してますから、日本の電力生産はアメリカ型の石油火力に転換していき、その延長線上で原子力にいったんですね。そのきっかけになったのが、正力松太郎ラインと改進党代議士・中曽根康弘氏（のちに自民党総裁・内閣総理大臣）だった。

一九五四年、ビキニ水爆実験被曝と国民の怒り、原水爆禁止の運動の高まり。その影で原発導入が進行していった。五四年といえば、ソ連が最初の実用型の原発、五千キロワットの原子炉をオブニンスクに造った。チェルノブイリで事故を起こしたのと同じタイプのものですけれども、アメリカは大いに焦った。「このままじゃ世界の原子力市場をソ連に牛耳られる」というのでね。その後、いっときイギリスがコールダーホール型原発というのを造って、正力松太郎は最初この線に乗ったわけです。けれども、中曽根康弘氏は五四年に、それこそ最初の原子力予算というのを通した。二億三千五百万円。この予算額、なにが根拠かっていえば、ウラン二三五っていうのが根拠という（笑い）、いい加減なところからはじまった。まさに戦後のありようを決めるこの国の路線が、ああいう人びとによって形成されていった、その延長線上に現在の原発がある、ということが、いまの報道からはなかなか見えてこないですね。

貧しいが豊かで美しい東北

柴野　そういうことですね。鳴り物入りの「国策」を推進した結果が、皮肉なことに今回の災害。明らかに「犯罪的な人災」ですけれども、それもこの悲惨な「レベル7」状態にまできてしまった。

ぼくは一九七三年から十数年、新聞記者として、すでに「原発銀座」と呼ばれていた福島・福井若狭の原発地域を歩き回ってきましたが、取材でお世話になった東北の二十人近い知人が、いまだに連絡不能、行方不明のままです。胸を痛めています。

三陸沿岸一帯の町。田老町、山田町……。あのあたりは井上ひさしさんの小説『吉里吉里人』のまさに舞台です。福島の浪江、大熊、楢葉、富岡、双葉……浜通り一帯、あの大自然、ふるさとの美しい所、貧しいけど生産の豊かなところなんです。

安斎　そうですね。

原発取材は軍事基地取材と似ている

柴野 そこに原発立地っていう話がもちあがったとたんに、何かが狂ってゆくんです。「日本書紀」には「白河以北一山三文」なんて記述もありますが、福島以北の東北全体の歴史は、古くから中央国家にいじめられ差別され通しでした。しかし「一山三文」どころか、東北全体が賢治や啄木、『遠野物語』を生み出したほどのすごく豊かなふるさとなのですが、「原発が建つぞ」と噂が流れたとたん、ふるさと全体の産業、地方自治、暮らし、人心までが歪み荒廃していく。その実態をぼくはもろに見、取材してきたわけです。その挙げ句が、最後にこういう悲惨な原発災害なのかという思いで、振り返ると口惜しくてなりません。腹の底から怒りが込み上げてきます。

いまCIAの話が出ましたが、じつは電力会社という組織、それにも似て非常に秘密主義体質に徹している。表向きのPRと裏腹に、居丈高で人を寄せ付けない国家権力のような体質をもっていると感じました。原発なんか軍事基地を取材しているような感じです。たとえば、カメラを向けると、すぐ警備がすっ飛んできますし、ぼくが地域に取材に入ると毎回、必ず二台の不審な車が尾行してくるんですね。

安斎 そうでしょうね。

原発とともに地域が荒廃

柴野　一台は警察。もう一台は電力の車です。不気味だし怖かったけど、怯《ひる》まず取材は続けました。あとで調べてみると、東電って、警察幹部の天下りがやたらと多い会社です。

やがて電力会社内部の方や下請け、孫請けの労働者や、地元のひとびとと仲良しになり、いろんな内部資料も見せてもらいました。なかでもいちばん驚いたのは、原発立地計画地では、その地域の人びとの全戸籍が全部コンピューターでデータ化されていて、その一部をぼくは垣間見ました。各戸の家族構成、年齢、学歴、病歴、所得、購読紙誌、資産、思想傾向、選挙では何党へいれるか。ひとりひとりの家族ごとにですね、これが全部データ化されている。だから住民の切り崩しなど容易にできます。

これを有効に活用すればいいわけだから、選挙ともなれば、もう投票日以前に誰に何票入る、相手に何票入る、とそのデータを見ているだけで見えてしまう。だから村人たちは言うんです、「こんどのフダは何本だ?」と指を立てて言うんですよ。「この前は一本だったけど、今回は二本だべ」という会話をしている。そのデータを見ていれば、「こいつは金に弱い、こいつは働きかけても買収できない」……そういうのが全部データで読めちゃうんですね。こうして地方自治の根幹が歪んでゆきます。ほとんどファシズム状態だと言えます。

そんなわけですから、村が金権社会になる。村人同士がいがみ合う。地域の荒廃、退廃です。そのなかで、実際に自殺や犯罪は増える、まともな仕事は少なくなる。そうすると、高校生の中途退学、女子高生の売春、主婦売春まで……いっぱいあるんですよ。

そういうなかで、たとえば警察と関連企業が一体になった「職警連」なんていう連絡会議まであるんですね。表向きは防犯が名目です。それから「長の会」というのがあって、これは区長にはじまって自治会長、病院長、学校長。老人会長……そういう「長」のつくひとがみんな集まって、その中心に警察と東電が座って地域対策をやっている。こんな場面が日常的に起こっている。まあそんなことは、まったく新聞には報道されなかったし、いまも報道されていません。

けっきょく「国策」としての原発は、福島だけでなく、全国どこでも力の弱い地方を踏みつけて、きまって都市から遠い「地方」の海辺に立地されてきたわけです。「白河以北」の東北に限って言えば、長い歴史を一貫して差別に次ぐ差別。戦時中には「兵隊を出せ」「女郎《じょろう》を出せ」としごかれてきた「地方」です。原発という「国策」を押しつけた行き着く果てが放射能まみれの災害と故郷破壊では残酷すぎます。

「金まみれ」と「非科学性」

安斎　福島原発で思い出すのは、福島原発は一九七三年九月十八、十九日と「福島第二原発1号炉の公聴会」というのが、この国で初めて開かれたんですね。それまでは、第一原発については、設置許可にあたって公聴会も開かれなかったんですが、第二原発の1号炉のときに初めて公聴会が開かれた。

われわれもそのことを要求してきたので、「発言させた方がいいだろう」ということなのか、何人かが意見陳述する機会があったんです。それでわたしも地域住民推薦の科学者として選ばれたんだけれど、あのとき感じたのは、公聴会というのは、しゃべりたい人がまず申請しないといけない。それで、われわれは六〇人の証言集までつくって、「六〇人異なるこういう意見を述べる」という準備をしたんですが、一方、電力と地方自治体は千人の桁《けた》で応募するんですね。それから傍聴するにも申請が必要で、われわれも何百人か申し込んだけれども、向こうは宛先を印刷してある葉書で大量に応募するわけですね。なかには地元の住民台帳から勝手に名前を書かれて応募されたひともいて、だから応募していないのに当選通知が来てそういうことがバレていく。

当時の公聴会というのは「圧倒的多数の賛成派がしゃべるのを、圧倒的多数の賛成派の住民が聞いている」という茶番劇として行なわれたんですね。

そのなかでは「金権まみれ」が当然起こっていくんだけれど、同時に「非科学性」も進行していった。そこで演説した婦人のなかに「放射能は怖れるに足りません。なぜならば今年一九七三年の高校野球で広島商業が優勝しました」っていうわけですよね。だから、「放射能はおそれるに足りず」という主張をして原発を誘導していた。

カネまみれと非科学性というんですか、そういうものがもともとこの国の開発過程からあったんですね。京都や鳥取、高知とか三重とか数少ないいくつかの原発は、住民運動が食い止めたんですけれども、その高知の窪川町の場合でもなかなかやっかいで、もう地域の祭りもできなくなっちゃうんですね。賛成派と反対派に対立してしまって、いっしょに神輿《みこし》を担ぐこともできなくなった。部落差別についていいえば、被差別部落のなかでも対立が起こるということもあった。だから原発問題というのは、たんに電力生産のあり方をめぐる技術上の問題ではなくて、政治、経済、文化全般にわたる問題だということですね。

利権目当てに小躍りしながら

柴野　まさにそうだと思います。カネまみれの中身は、ひとつは電源三法交付金、法人税、核燃料税などですけれど、同時に道路工事や土地売買や原発建設工事をめぐるさまざまな利権。これに対していろんなものが群がってくる。土建業者や企業群。もちろん警察権力や暴力団・ヤクザまでが阿波踊りみたいに小踊りしながら群がってくる。

そのなかで地域の主権者である住民たちの暮らしや心までが歪んでいくんです。

さっき高校中退の話をしましたけど、その人たちは仕事がない。もう自衛隊員になるか、原発の被曝労働者になるしか道はない。というなかで、いまこの大災害――じつは自衛隊が迷彩服で懸命に救済作業をやっている。それから、孫請け会社の労働者がタイパック（放射能防護服）を着て、汚染水の除去作業をやっている、その人たちこそ、じつはかつて中途退学した地元の高校生たちの姿なんです。

ところがTV映像では、「ああ自衛隊員やら被曝労働者たちが決死的に、なんと感動的英雄的にがんばってくれていることか」と映し出す。しかもアメリカの海兵隊員までが自衛隊と共同で、「トモダチ作戦」と称して、「なんて麗わしい日米同盟の姿よ」と。「やっぱり自衛隊も米軍基地も、こういうときには役に立つ、必要だな」というふうに、イメージされ宣伝される。そこがまたジャーナリストの一員でもあるぼくには許せないんですよ。

安斎　そうでしょうね。

日米合同演習だった「トモダチ作戦」

柴野　毎日新聞（四月二十二日付の朝刊）が、おもしろい特集を組んでました。そのなかの引用――こういうことを書いています。「一万六千人を投入した米軍のトモダチ作戦。かつてない規模の展開は自衛隊、米軍の統合運用と民間空港、公安の米軍使用に踏み込んだ。実態は有事対応シミュレーション作戦であるといえた」と。ここはズバっと本質を突いていています。

もう一つ、こういうことも書いていています。「ある外務省幹部は指摘した。オペレーションの性質は違うけれど、民間施設利用や上陸など、実態的には朝鮮半島有事を想定した実戦訓練ともなった」と。これがじつは、あの自衛隊・海兵隊の合同パフォーマンスの正体なんです。

安斎先生が、わが「憲法9条・メッセージ・プロジェクト」発行のブックレット『こんどの騙しは手ごわいぞ』のなかで、「ぼく安斎育郎が内閣総理大臣になったら、すぐやります、所信表明演説」というのがありますね。

安斎　ああ、ぼくのマニフェストね。

柴野　はい、具体的な九つの施策。その五番目でしたか。要するに、「何十万の自衛隊員の失業対策も、ぼくはちゃんと考えてある」と。

安斎 防衛省はやめて、平和省を創ります。

柴野 あのくだりですね。つまり、今回の大災害のなかで、本気で献身、努力しているのは、じつは地方自治体の職員と全国からのボランティアやNPOじゃないですか。もちろん自衛隊も海兵隊も出てますよ。しかし、あれは本来、戦争をするための「軍隊という権力」であって、災害救助のための訓練をしているわけではない。ということは、本来あるはずの何万かの「真に訓練されたプロの常備の災害救援隊」、日本列島のどこで災害が起こっても、ただちに駆けつけて救援活動を展開する機関、そういう専門組織が日本にはまったく存在しない、というお寒い現実ですよね、現状は。

安斎 そうですね。大学院生だった一九六八年の頃に、日本保健物理学会、当時は日本保健物理協議会と言ったかな。それは「学会」なんだけど、会員の十分の一が自衛隊員でした。学会の発表を聞いていると、「放射能で汚染された無限平面に車両が入っていったら、ドライバーはどれくらい被曝するか？」という研究が、自衛隊関係者から発表されたんですね。それは本当は、「核戦争のもとで戦車が入っていったら、兵隊はどれだけ放射能を浴びるか？」っていう研究なんです。学会で、まさか戦車や特車の絵を出すわけにはいかないので、タクシーの絵みたいなのが出てくるんですけれども、そういうことをやっていました。

「核爆発があったら、いち早くそれを認識するための方法の研究」とか、「核戦争を想定した自衛隊の行動の仕方」とかいうのは、自衛隊化学学校や防衛技術研究所なんかでもう六〇年代からずっと研究を続けている。

ちょっとまずかったのは、一九六八年ごろにぼくは大学院生としてそういう運動をやったもんだから、自衛隊員の会員はゼロになっちゃったんですね。（笑い）だからそういう発表がなくなっちゃった。

「発表がなくなった」というのと「研究をやめた」というのはまったく違うことなんで、その後も研究は続いているに相違なくて、こういうときに現われる。

だからぼくはなにも「自衛隊という軍隊」である必要はまったくなく、海の警備にあたる「海上保安隊」と「災害救助隊」に再編すればいいと思っています。海上保安隊は軍隊ではなく、現在の海上保安庁を基本に、自衛隊から五万人程度の人員を加えて編成する海の守り手です。災害救助隊は、残りの二〇万人ほどの自衛隊員を再編して立ち上げる組織で、自然災害や人為災害に備えた研究活動、国民への災害教育・訓練・実際の災害救助活動に取り組みます。自衛隊も災害出動をしますが、自治体からの要請がなければなりません。その点、災害救助隊は独自の判断で被災地に赴き、救援活動を営むことができます。いま国際社会に自衛隊を派遣するのは「違憲性」などをめぐって大議論になりますが、災害救助隊ならそんな対立はないでしょう。日本は、国際社会から感謝され、敬意を払われ、平和的な国際貢献に取り組む国として評価されるでしょう。それは、日本は感謝されこそすれ、軍事攻撃の対象になるような危険はなくなって、平和と安全のためにも好ましいことだと確信しています。

アメリカの「トモダチ作戦」も、救援にあたっている一人ひとりの兵士には、苦難の底にある人々を救いたいという人間的な心があるとしても、もともとは戦争のために準備している軍隊です。これも「軍隊」である必然性はまったくないのであって、なぜ「アメリカ軍の出番」をことさらに演出したのか。米軍基地問題での混乱や、日本人の悪感情を和らげる狙いもあったのではないか、日米同盟が直面している矛盾を乗り越える活路として、政治的な思惑がらみで「トモダチ作戦」が演出されたのではないかという批判があるのは肯けるところです。

この国の進むべき道は

柴野 最後ですが、要するに災害の中で「物事の本質をしっかり押さえて、明日に向かって行かなきゃいけない」「この国をどこに向けていけばいいのか？」ということです。被災者への補償、復興・再建へ、それに要する膨大な費用も必要になります。復興税新設とか消費税の引き上げとか緊急国債の発行とか、いろいろ政財界で言われています。また「計画停電」や電気料金の大幅値上げも必至でしょう。いずれも国民に「人災」のツケが大きくのしかかってくるわけです。

それなのに政府もマスコミも、「原発路線はもうやめよう」「アメリカ言いなりのエネルギー政策はやめよう」とは言わない。また、誰も「米軍基地や自衛隊に使っている膨大な予算、《聖域》をばっさりと削って、復興・再建に当てよう。自衛隊こそ憲法違反なのだから」とは言いませんね。

この危機から日本を再建する方向は、従来の新自由主義的な消費社会、利潤と効率最優先の経済成長一点張りの国のあり方ではいけないと思うんです。

いま大切なのは、先生も「憲法9条・メッセージ・プロジェクト」の共同代表（須田稔立命館大学名誉教授とともに）でいてくださいますが、ぼくは、やっぱりその骨太い道しるべになるものは憲法だと思います。その憲法をしっかりと活かせる主権者意識が形成されねばならないと思います。「主権在民、戦争放棄、軍隊不保持」という世界からも羨《うらや》まれる憲法をもっていても、肝心の主権者が、それを政府に実行させる努力をしないなら意味はありません。だからいま、ふるさとを再建するのも、新しくこの国を正しい方向に前進させるのも、その道しるべ・物差しは憲法。どこまでも憲法が指し示す道だと思い至るわけです。

同時に安斎先生は「騙《だま》し研究の専門家」なんで（笑い）、「騙されちゃいけないよ」って本をたくさん書いていらっしゃるんですが、やっぱり今回も、国民はもう少し賢くなって騙されちゃいけないと思うんですね。

その意味で「原発列島」ってひとくちに言うけれど、列島をよく見ると、住民が騙されず、賢く闘ったところは原発が建っていないんですね。誘致話はあったけれども。やっぱりお金に負けたり、分裂させられたりしていった地域は、原発を立地させられています。そしてふるさとの崩壊に繋がっていっている。

その意味で今回の原発災害の教訓としても、「われわれ日本国民ひとりひとりが主権者として憲法の精神と、われわれのふるさと、暮らし、いのちを守ることを指針に、相談しながら作っていこうよ」と。その努力がいま必要だ。そうでないと、妙にテレビから流れてくる、あの「ガンバレ日本」、がんばれコール。あれはちょっと危ないなと、ぼくは思うんです。

中曽根さんがさっそく大同団結とか大連合とか言い出しましたけれど、こういう大災害のときというのは、なにか強い力に依拠するというか、期待するというか、「だれか偉い人が、大きい統率力でもってなんとかしてくれ」という受け身な気分は危ないと思います。大災害の「国難」「非常時」「危機」のようなときは、大連合とかファシズムのような、そういう画策が、だーっと一挙に襲ってくるときでもあると思うんですね。すでに読売新聞なんか「社説」で、原発災害を逆手にとって「本来なら憲法の見直しが要る」などと、改憲キャンペーンを始めました。これもぼくたちは警戒しなきゃいけない、と呼びかけているんですけど、そこいらはいかがでしょうか。

主権者としてふさわしい行動を

安斎 国のありようとしてのもっとも根本は、「われわれが主権者なんだ」ということを認識して、それにふさわしい行動をとることとですよね。

それから地方自治のあり方として、地域住民がきちっとものを言っていくというのが必要で、どうもあの福島の原発でも、誘致してきた人びとは、この地域に金を落とすために誘致している。たとえば「明日の双葉地方をひらく会」は、当時、「われわれの『力』で原発建設を促進し、豊かな双葉地方をひらいてゆこう」といったポスターを作って貼りめぐらせた。われわれは「原発の引っ越しそば」と呼んでいましたけれども、一基呼ぶと三年間で数十億円の金が入るわけですね。呼んでみると、原発道路ができたり公民館ができたりするんです。三年経って補助金がこなくなっても、使えば壊れるし、職員は必要になるから、また金がほしくなるんで、「もう一杯、引っ越しそばを食うか」ということになって、だいたい一基できると四基ぐらいまとめてできるっていうのが、この国のありようなんですね。

そのようにして、地域がもっている特性に依拠しない、外から「原発の引っ越しそば」をもってくるってだけの地域の開発、真の意味の開発にもならないことになっている。けっきょく自分で首を絞めるようなことになってきているんですよね。

たしかにわれわれの周りには情報が山ほどあって情報化社会なんだけれども、ほんとうに必要な情報がどれで、どれがほんとうに信ずべき情報かっていうのは、われわれが見極めるリテラシー（情報受発信能力と活用・応用力）というのが必要です。だからわれわれがこういう喧噪のなかで、「情報の本質を見極めて、なにを教訓として汲み出して、今後の行動に活かしていくか」を読み解くということが大事です。

簡単なことではないけれども、そういう役割を果たすことが、われわれお互いにものを書いて発信する者には必要なんだと思いますよね。だから期待しております。

柴野　いや、われわれこそ先生に期待しております。超ご多忙ななかを、きょうはありがとうございました。

第二部　『原発のある風景』再録

文中の単位について

レム（rem）は、吸収線量にそれぞれの放射線の影響の度合いを示す数値（放射線荷重係数）をかけたもの（線量当量）の単位。現在はシーベルト（Sv）を用いる。（1rem=0. 01Sv）

キュリー（curie, Ci）は放射能の単位。現在はベクレル（Bq）を用いる。（1Ci=3. 7 × 10^{10}Bq）

ジプシーの素顔

ホタル

闇のなかは、光の粒子の饗宴であった。緑色の無数の光が静止し、あるいは、ゆっくりと動きながら、私の目の前をよぎる。おびただしい数のホタルである。闇のいたるところ点滅を繰り返すホタルは、自分の存在を必死に主張しているようにも見えた。だが、一つひとつの光は、いかにも頼りなげで、いまにも消え入りそうな、はかない光の浮遊であった。

たそがれに包まれた松林。つい先刻まで、ほのかな薄明りが残っていた針葉の一帯が、日没と同時に、みる間に深い闇に沈んでいく。松林の長さは五キロもあろうか。どこまでも黒ぐろと連なっていた。

東京電力福島第一原子力発電所は、二重三重の有刺鉄線に囲まれて、海につづく松林の向こうにあった。闇をさらに濃く切りとる木々のシルエットをすかし、そこここに二階建ての大型プレハブをいくつも連ねた飯場の明かりが見えていた。（教えられた通りだ……）

深呼吸をひとつして、私はふたたび、めざす飯場へ向かった。ここは、原発の正面ゲートから、さほど遠くはない。（入るか、どうする……）

東電福島原発は松林のかなたにあった。

じつは、もう小一時間も、飯場の窓々からもれる明かりを横目に、私は乗りこむ決心がつかぬまま、行きつ戻りつ迷いつづけている。

企画会議

「おい。いまのきみの話。その〝原発ジプシー〟っての、いけそうじゃないか。」

「だけど、それ、どこにいるんだい？」

「とにかく、そいつをつかまえるのが先決だな。」

「よし、きまりだ。次号で、まず〝ジプシー〟の実態を明らかにしようや。」

「赤旗」日曜版編集部の企画会議。私の思いつき提案に議論が沸騰した。一九七九年の夏が訪れようとしていた。


だが、原子力発電所をめぐるテーマは得体が知れない。これをどう取材、報道し、読者にいかにアピールすればよいのか。クーラーの効きの悪い会議室で、記者たちの論議がはずんでいた。

「ぼくも人から聞いた話で、よくは知らないんだ。なんでも〝原発ジプシー〟と呼ばれる特殊な作業員がいるらしい……」私は、こう切り出した。

その一群の労働者の存在は、当時は、ごく一部のジャーナリストのあいだでささやかれる程度の噂にすぎなかった。

「山谷《さんや》や釜ヶ崎のサ、浮浪者や売血者が、無理矢理拉致《らち》されて、タコ部屋で監禁されているとかいう話だよ。放射能でばたばたくたばってる者もいるとか……」

K社の記者仲間からそうきいたとき、私は本気で信じてはいなかった。（ヒロシマや、戦前の〝女工哀史〟や〝蟹工船〟じゃあるまいし、いまどきそんなことが……）

その私が強い興味をもつようになったのは、関西電力のある幹部技師に会ってからである。

「タコ部屋はともかくとしてもですね、もし彼らがいなかったら、日本の原発は運転をつづけることは不可能でしょうよ。」

〝原発ジプシー〟のことを、半信半疑で問いかけた私に、彼は、言下にそう答えたのである。科学技術産業の最先端といった近代的なイメージの原子力発電所が、じつは、まったく前近代的な大量の日雇い労務者によって、ようやくささえられている――というのだ。現場の技師の話であるだけに衝撃をうけたが、それでも私の心の隅には釈然としないものがあった。

法律によって義務づけられている年一回（約三ヵ月間）の原発の定期点検修理、部品の交換、放射能の除染。運転中にも絶えない大小の故障や事故の対応と補修……。そのつど、口入れの〝親方〟を通してかき集められてくる日雇いの作業員。――それが〝原発ジプシー〟だと聞かされた。

定検ごとに必要となる労務者の数は、一日ざっと千五百人から二千人。男たちは、現場では「兵隊」とも「特攻隊」とも呼ばれ、原発内部の奥深く、もっとも放射能汚染のひどい危険な作業にたずさわる。その数はすでに全国で五万人とも、十万人ともいわれている——。企画会議の席で、私は同僚記者たちに、こう概略を説明した。

「いずれにしても、このジプシーの実態がわかれば、こりゃ、スクープものなんだがな。」

これを聞いて記者たちの目が光り、とたんに論議が沸いたのだった。

「だけど、来週号ってのは、そりゃ無茶だ。」

私は即座に首を横に振った。「だって、各紙、どこもまだやってない未知のテーマだぜ。なんせ、〝幻のジプシー〟なんだから……」

私の反論の途中で、Sデスクが割りこんでさえぎった。「各社がやってないからこそ、うちがやるんだろ？　よし！　あんた、明朝すぐ出動だ。あんた自身の目で、噂の〝ジプシー〟の正体を確かめてこい。食らいつくまで離すなよ。おめおめと手ぶらで帰ってくるな。」

うむをいわさぬ強引な口調。すぐに彼は、出張届の用紙を、ひらひらと私の鼻先に突き出したのだ。

(憎っくきデスクめ。そんなに簡単に取材ができてたまるか！)

だが、課題に向きあった瞬間から、私の心は昂ぶり、はやっていた。資料室にとびこみ、原発関係の資料をあさった。何ほどの文献もなかった。どの本をめくっても、原発労働者の記述などは見当らない。それよりも、原発に関する知識が、あまりに乏しい自分自身を思いしらされ、愕然となった。

(こんなことで、はたしてものになるのだろうか。)

赤提灯

雲をつかむような気分であった。

翌早朝、私はGパン姿で、上野発常磐線特急に乗りこんだ。途中、各停列車に乗りかえて「浪江」に降り立った。初めて足を踏み入れる町である。めざすは、東電福島原発の〝原発ジプシー〟だ。だが、それはどこにいけば会えるのか。

浪江町は小さな町だった。十分も歩けば、町はずれ。見わたすかぎりの畑に出てしまう。小さな田舎町にしては、飲食店がやたらと目につく。駅周辺の旅館群、民宿、大衆食堂、焼肉、焼とり、赤提灯……。翌日、休日だったせいだろうか、昼間から町のいたるところに、ひと目でそれとわかる作業服の労働者が目についた。「TOSHIBA」「日立プラント」「IHI」「太平電業」……作業服の縫いとりを確かめた瞬間、胸の動悸が激しく打つのを覚えた。

思いきって何人かに声をかけてみると、ジロッと私を見、だれも一様にそっけない態度で応える。

「どちらからきたんですか。」

なおも話しかけようとすると、目の奥で私を品定めした。見知らぬ男への警戒の色が表情にあらわになった。うさん臭い視線が私の風体をなめる。白じらしい沈黙――。とりつく島がないとは、このことだ。ようやくの思いで原発労働者に接近し、言葉を交せたというのに、これでは彼らの心を開かせることはできそうにもなかった。

午後三時。紅い提灯を軒に下げた、とある大衆食堂のノレンをくぐった。粗末な木製の長いすに腰をおろすと、にわかに疲労感に襲われた。目を閉じて、大きく吐息をつくと、不意にデスクの声が耳の奥によみがえる。「食らいつくまでは帰るなよ。」

私は、いささか焦りはじめていた。店内には、ビールを飲む者、定食をかきこむ者など、数人の作業服姿の男たちがいた。どの男にも近寄りがたい独特の雰囲気が漂っているように思えた。少し離れた位置から私は、珍しい動物でも観察するように、飲食に余念のない男たちの動作や表情を眺めていた。

「お客さん、どっから？」振り向くと、食堂の主人が、カウンターの向こうで焼き鳥の串をあぶっていた。先ほどから私を見ていたのであろう、興味をひかれたらしい。窮すれば通ず。救いの神は、意外なところにいた。「日が暮れたら、林ッなかの飯場にやばんせ（行ってみな）。」

五十がらみの体格のいい主人は、つづけていった。「にっしゃ（あんた）、見ず知らずの者から話を聞ぎ出すなぁ、おどけでねぇべよ（容易じゃないよ）。そっだら簡単に、はらわだは見せねっぺ。その世界を知りたきゃ、まんず、そごの人間にならんしょ（なるこった）。」

花札

一歩部屋に踏みこむと、ツーンと饐えた汗のにおいが鼻にきた。四畳半そこそこの部屋の隅に積まれた二つ折りの寝布団。上半身は裸、半袖シャツ、ステテコ、腹巻き姿の男が五人。あぐらをかく者、立てひざする者、てんでの姿勢で、花札に余念がない。週刊誌のグラビアを引きちぎったのだろう、ベニア板の壁面いっぱいに、女性ヌードのカラー写真。畳の上には一升びんと湯のみ茶椀。部屋に張り渡したロープには、タオルや下着、靴下などが無造作にかかっている。

「ここで働かせてくれろだと?」ぎろっと振り向いた中年の男。〝座長格〟の風貌である。一瞬、目をしばたたかせてこちらの品定めをしたと見るや、また花札に向き直った。縮みの下着の袖口から、青黒い入れ墨がのぞく。だれ一人、花札を張る手を休めようともしない。牡丹や桜、桐、かきつばたなどの絵カルタが、男たちの指と畳の間を激しく往きかう。

気まずい時間と空間——。彼らは部屋の入口に突っ立っている私を無視してかかったように見えた。だが、もうあとへは退けない。私は腹をきめ、花札の手並みを拝見することにした。思いきって畳にあぐらをかいて坐りこんだ。肩ごしに男の札と手の内が見えた。

ややあって、男が口を開いた。「お前。もの書きじゃろが、わしの目は、節穴《ふしあな》じゃなかぞ。」ドスの効いた声。熊本弁であった。こちらを振り返ろうともしない。参った——。私は黙って頭を下げ、恐るおそる名刺を差し出した。老眼なのであろう、男は名刺をうけとると、手をのばし、顔から遠ざけるようにして、仔細に吟味した。

「赤旗新聞な。共産党たい。東京から来たと? 原発の労務者に会いに? ふーん、もの好きなこったい。ま、飲んだらよか。」

かたわらの湯飲みをとると、いきなり私の鼻先に突き出した。焼酎であった。

男たちの齢《とし》は、三十代から五十代。武骨で口かずが少ない。だが、打ちとけてみると、あけっぴろげで気取りのない、心の優しい男たちであった。彼らは東京の話になると、率直に興味を示した。

「ほう、黒柳徹子な？　テレビの。お前、付き合うちょっとか。なんと……偉かもんたい。黒柳徹子ば、よかオナゴたい。よかよな。おりぁ、あの手のタイプ、頭ン切れるオナゴば好いちょるごたる。ほんなこつ、よかねぇ。」テレビや著名人の話には、男たちは身を乗り出し、口ぐちにひいきの俳優や歌手の名を口にした。「高倉健ば、知っちょっとか、九州の男たい。」「菅原文太、見たか？」「小林幸子。おう、サッチン、よかなぁ。妹のごたる。」

だが、男たちは、自分のことについては用心深く、だれも容易に語ろうとしない。

「ここん飯場にゃ、九州の男ば、二百人ほど寄せちょっと。敦賀（日本原発・福井県）でん、玄海（九州電力・佐賀県）でん、どこでん経験しちょるたい。」「放射能？　そげなもんば、恐がっちょって、炉心ば、入れっか。」陽気な冗談や強がりは、すぐ口にするくせに、男たちは私の気持ちを見すかしたように、いつまでたっても、じれったいほど心を開かなかった。

彼らが、みずから生いたちや家族のことを、ぼそぼそと語りはじめたのは、三日目の最後の夜である。森の中に点在する飯場には、福岡、長崎、熊本をはじめ、岩手、秋田、青森、さらに遠く北海道、沖縄からきた男もいた。

「もともと、おりはヤマ（炭鉱）の人間たい。」その夜、くだんの〝座長〟が手招きした。彼は、すでに〝できあがって〟いたが、手にした湯飲み茶碗は離さなかった。

「坑内夫。筑豊じゃ、ちいとは知られた腕っこきたい。落盤やガス事故ンときも、仲間ば助けようと、だれより早く坑道ばとびこんだと。……もう二十年以上も昔のこつある。もう、石炭な、時代遅れ。これからぁ、オイルの時代たいとこきおって、日本中のヤマば、ばたばた閉山したと――」

〝座長〟は私の目の中を凝視して、吐きすてるように続けた。

「うそたい！　石炭な、無尽蔵たい。まんだまだ掘れるヤマば、投げ出しよったと。……ばって、あン頃から、世ン中、狂うたごつある。あげくの果てが石油ショックたい。」

追われるように、住み慣れた筑豊をあとにした彼が、たどったのは――。京浜・京葉工業地帯、コンビナート、万国博覧会のための大阪・千里丘陵の開発、つづいて山陽新幹線、各地の縦貫道路、高速道路建設など……。〝座長〟の歩みが描く軌跡である。

「工事の現場から現場へ、日本中を土方ばして歩きよったと。筑豊ばおん出た、あンときから、おりはずっと渡り鳥たい。おりの一生――ずうっと石炭、石油と道づれ心中のごたる。ばってン、いっときとちごうて、どこでん、きつか不景気たい。景気のよかとは、原発だけたい。またぞろ、石炭ば見直せつうて、活気ば見しょるヤマもあるとじゃが、若かかもンしか採らんと。わしもヤマに戻る気はせんたい。ばって、よか齢《とし》ばこいて、なんでん、はるばる〝みちのく〟くんだりまで……。恐か放射能に脅えて、こげな仕事、まっこと、だれでん、やりとはなかとよ……。郷里の餓鬼たれや嬶《かかあ》のやつ……どげんしちょっとか……」男たちの重い口が、ようやく開いた。

平素は饒舌な〝花札の衆〟――。だが、その多くは最後まで押し黙ったままだった。終始、うつ向いて足の水虫の皮をむしり続ける男もいた。寡黙な男たちの胸のうちには何があったのか。

男たちの酔いとともに夜は更けていった。窓の向こうに広がる闇のなかに、ホタルの光がよぎった。力なく浮遊する光は、淡く、白く点滅していた。

若者たち

双葉町の、とある民宿。テレビだろうか。あけ放った二階の窓から、ばかでかい音量の歌謡曲が流れていた。津軽三味線の激しいバチに乗ったその唄は、日の暮れた周囲の水田から響く、おびただしい蛙の鳴き声と妙に調和して、農村の宵を盛り上げていた。

♪きっと帰ってくるんだと／お岩木山で　手を振れば／あの娘は小さく　うなずいた
茜《あかね》の空で誓った恋を／東京ぐらしで忘れたか／帰ってこいよ　帰ってこいよ……

音のする窓を見上げていた私は、もはや迷わなかった。まっすぐ、その部屋に入った。部屋いっぱいに敷きつめられた布団の上で、六人の若者が、寝そべってビールを飲んでいた。湯上がりなのであろう、全員、上半身は裸だった。その肌が、みんな女性のように生っ白い。最年長らしい〝ボス風〟の男に、私は名刺を出して〝仁義〟を切った。六人とも神奈川県横浜市鶴見区からきていた。

「もうすぐ三ヵ月になる。帰りてぇな。」

だれかがテレビのボリュームを落としてくれた。部屋の端の窓際で煙草を吹かしていた若者には、少年のようなあどけなさが見える。

「きみは、いくつ？」

とたんに彼は、慌てて姿勢をただし、煙草の灰を布団に落とした。一瞬、〃ボス風〃の顔色をうかがって、口の中で何かいったが、私には聞きとれなかった。とっさに〃ボス風〃が口をはさんだ。

「こいつ、なりはこまいけんどよォ、トルコも成人映画もウェルカムだぜ。こう見えても大人。りっぱな大人よォ。」

十代半ばと私が睨んだのは、どうやら図星だったようだ。私が未成年を気にしたのは喫煙などではなく、放射線管理区域での被曝労働であった。放射線は、いたって〃弱い者いじめ〃な性質をもっている。年齢が下がるほど、身体に及ぼす放射線障害の可能性が大きいといわれる。成人より少年、幼児より乳児、乳児より胎児、精子と、より敏感に放射線の影響をうける。妊産婦のレントゲン撮影が禁止されているのは、そのためだ。法律が、年少者の原発被曝労働を認めていないのも、当然といえる。

浪江町の山田三良くんは脳腫瘍で20歳の短い人生を閉じた。高校卒業後、東芝の孫請け労務者として炉心作業。遺影を抱いて父親は涙ぐんだ。

成人の原発労働者のなかにも、ガンや白血病などの発病、死亡例がふえている。もう何年もの間、原発労働に関わった放射線障害患者や遺族の追跡調査に当たってきた福島市の弁護士・大学一氏が私に示した資料によっても、福島県下の、それと疑われる死者はゆうに二十人をこえていた。（表参照）若者たちに、その一覧表を見せてみた。六人の表情に、はっきりと不安の色が浮かんだ。

「よォよォ。脅かしっこなしにしようや。な、原発なんて、ちゃーんと政府の公認だろが。な？　東電といやぁ、世界の超一流企業だしよォ。そんなにヤバイもんなら、国が放っとくわけ、ねぇじゃんかよォ。」他の五人を引率してきた〝ボス〟が、ややむきになって食ってかかってきた。

「日本はよォ、やられてっからサ。ヒロシマとナガサキ。な、ゲンバク。ちょっと過敏症だっていってたよ。ん、東電の人。全然、心配ないんだと。大丈夫だよォ。ＧＥの毛唐《けとう》なんか、知ってる？　故障して蒸気がサ、こう、ジャーッと吹き出してるタービン（羽根車）。あれ、防護マスク、なんにもなしよ。平気でどんどん近寄ってくぜ。ああ、『ドンマイ！　ドンマインね』ってなもんよ。」

ＧＥとは、ＷＨ社（ウェスティング・ハウス社）と並ぶ、アメリカ最大の原子炉メーカーであるゼネラル・エレクトリック社のことだ。ＧＥ社は、東電のほか、東北、北陸、中部、中国など各電力会社に沸騰水型軽水炉（ＢＷＲ）を納入している。〝ボス〟のいう〝毛唐〟とは、ＧＥ社が日本へ派遣している米人技師のことであろう。彼らは家族とともに福島第一原発の脇にある林の中の通称「ジェッコ村」に住んでいる。ＧＥ社が日本に派遣するのは技師ばかりではなかった。米国から大量の〝原発ジプシー〟まで連れてきた。

福島、東海、敦賀など同社製の原発で、予想外の深刻なトラブルが多発した。補修にあたらせる下請け作業員の被曝量の急上昇も黙過できない事態であった。日本側の強い苦情を無視しきれなくなったＧＥは、子会社ジェッコ社（ＧＥＴＳＣＯ）を通して、三百人をこえる米人労務者を日本に送りこんで、急場を乗りきったのである。そのほとんどが黒人であった。彼らは原発の機能や放射能について、

氏名	住所	死亡年月日	死亡時年令	所属又は元請	下請	職務内容	被ばく線量	死因
0	福島県双葉町 木本豆腐店於	46・9・14	33	石川島播磨重工		原子力設計	0	心臓マヒ
M－1	大阪の病院	47・10・17	64	東芝	東芝電気工事		0.02＋1 x	脳溢血
A－1	福島県小高町	48・1・19	43	鹿島建設	新妻鋼業		0	胃ガン
I－1	福島県夜の森 協栄病院	48・3・20	61	東芝	芝工業所		0	脳溢血
T	福島県双葉町	48・7・1	59	鹿島建設	(直傭班)	安全管理	0	脳卒中
Y－1	福島県原町市 渡辺病院	48・9・28	20	東芝	東芝電気工事		0	脳腫瘍
W	福島県富岡町	48・9	36	鹿島建設	福宝建設		0	心臓マヒ
Y－2	福島県大熊町 大野病院	49・1・26	63	東芝	大昭電設		0	脳溢血
N－1	福島県大熊町 大野病院	49・3・12	46	東芝 新日本空調	石崎工業		0	脳溢血
Y－3	福島県浪江町 棚塩	49・7・12	23	大平・日立 東芝	藤田工業所 重機工事 坂本工務店	一般雑工	0.3 レム	心臓マヒ
M－2	福島県浪江町 井出	49・9・8	31	東芝	宇徳運輸	クレーン運転	0.1 ＋10 x	脳腫瘍
S－1	福島県双葉町 自宅	49・9	62	ビル代行			0.02＋2 x	脳卒中
M－3	福島県小高町	49・10・7	35	鹿島建設	(直傭班)	土工	0	リンパ線腫瘍
S－2	福島県富岡町	49・10	37	鹿島建説	中倉工務店		0	心臓マヒ
S－3	福島県楢葉町 波倉	49・12・3	62	東芝	坂本工務店	雑役夫	0	心不全
K－1	福島県浪江町 赤字木	49・12・9	51	鹿島建設	新妻鋼業	鉄筋加工 組立工	0	白血病
S－4	福島県双葉町	49・12・13	50	ビル代行			0.8 レム	肝臓ガン
M(女)	福島県富岡町	49・12・14	56	熊谷組	水島建設		0	脳溢血
Y－4	福島県川内村	50・2・23	38	鹿島建設	新妻鋼業		0	脳溢血
I－2	福島県浪江町 上の原	50・2・27	42	東芝	大昭電設	電気工	0.4 ＋15 x	白血病
N－2	福島県浪江町	50・10・22	49	東芝	協栄工業 江川工業所	鳶工 足場掛工	2.1 レム	脳溢血
S－5	福島県浪江町	50・11・15	48	鹿島建設	福宝建設	大工 資材運搬	1	脳溢血
A－2	北海道	51・1・10	50	東芝	北札幌電設	安全管理	0	脳溢血
W－2	福島県	51・2・16	43	日立 西牧工業	佐藤興業	雑工	0	心臓弁膜症
M－4	福島県	51・2・17	44	東芝	久工業所	製罐工 配管工	0	舌ガン
K－2	福島県	51・4・23	57	東芝	北札幌電設 協栄工業	雑役	0	腸肉腫
K－3	福島県	51・4・26	49	東芝	坂本工務店	雑工	0	心筋硬塞
M－5	福島県	51・4・29	47	鹿島建設		鍛冶工	0	すい臓ガン
I－3	福島県	52・2・15	28	東北綜合警備保障		警備士	0.1 レム	脳溢血
計29名						※被ばく線量は集積線量をレム数で示し、小数第1位に丸めた。「x」数は検出限界以下の回数を示す。		

東京電力福島原子力発電所における死亡事故一覧

まったく無知であった。無知ゆえに、勇敢かつ大胆不敵であった。関係者から得た数多くの証言によれば、滞在のあいだ、彼らは連日、日本人作業員の十倍もの量の放射線を浴び、やがて帰国していった。当時（一九七七〜七九年）、米人労働者たちの日当は約三万円。日本人のそれは、五千円〜七千円、じつに五倍以上であった。彼らの多くが、毎晩のように歓声をあげて、いわき市や敦賀市の歓楽街へくりこんでいった、という。

「やつら、なんともオツムが弱くてよォ、暗算なんか、ぜんぜんパァよ。それでいて、すっごく陽気で、気のいい連中だったよ、ん。シカゴだか、デトロイトだか、忘れちゃったな。たしか、自動車工場やら缶詰工場で働いたことがあるとか。そうだ、なんでも工場ごと、どっか遠くへ引っこしてってッサ、町じゅうに失業者がごろごろしてるって話だった。連中、町で『あにィ、うまい仕事があるんだぜ』って、調子よく誘われてきたんだろな。たぶん、いまごろはやつら、白血病でコテンだよォ。〝オー、ノー！〟たって、遅いやな。」

〝ボス〟が、故意におどけてみせた。が、他の若者たちは、余計に表情を堅くし、びっくりしたように目だけを見ひらいて、黙りこくっていた。部屋の隅の白黒テレビの画面では、北島三郎が、鼻腔をふくらませて唄っている。

♪……俺の目を見ろ　なんにもいうな／男同士の腹のうち／ひとりぐらいは　こういう馬鹿が／
いなきゃ世間の　目は醒めぬ……

だれ一人、画像に目をやる者はいなかったが、その歌は、若者たちの心を余計に沈ませた。

「あのォ……おれ、定検だけどよォ……」終始、口をきかなかったひとりの青年が、おずおずと声をかけた。

「あのサ……インポになるっての、本当？」

「インポ？」

「ああ、心配なんだよな、俺、そのこと。」

「お前のは、放射能当たる前からインポでないの。放射能療法で、かえって元気になるよ。」

〝ボス〟がまぜかえして、笑声がはじけたが、彼は大まじめだった。精子や生殖機能が放射線に弱く、無精子になる症例はあると聞いたが、不能症はどうだろうか。驚いたことに、若者たちは入域前の「安全教育」さえ満足にうけていなかった。それで彼らは、いったいどのような作業をするのだろうか。そして報酬は？

すかさず、答弁に立ったのは、むろん〝ボス〟である。「おれたちゃ、技術があったからよォ。そのへんのジプシーとは違わぁ。そうな、八千円から一万三千円。結構、毛だらけ、猿クソだらけよ、な？」

合づちを求められて、若者たちはあいまいにうなずいた。彼らの〝技術〟とは、配管にガラス繊維やアルミホイルなどの断熱材を巻きつける保温工事だという。

「かりに日当一万円として、月二十五万円か。食事と宿と交通費は会社もち。だから三ヵ月で、ざっと七十万の貯金か。たしかに〝結構毛だらけ〟といえるなあ」と私。

すぐに〝ボス〟の応酬あり。「悪い冗談いうなよ、オッサン。そうはいかねぇのが世の中よ。」

「なんで？」

「クルマのローン。飲み屋のツケ。いわき市までぶっ飛ばしてカワイコ拾うにゃ、モトデもいるよォ。おまけに月々、かあちゃんに仕送り……」

仕送りは、どうやら怪しい。どう見ても、女房子供を養っている面《つら》ではない。

「ねェ。トルコ、いい店あるんだ。こんだ、いっしょに、どォ？」調子のいい〝ボス〟の口調とは裏腹に、若者たちは浮かぬ顔つきで、白けていた。会話が途絶えると、もう話題に窮している。

♪あなた　変わりはないですかァ／夜ごと　寒さがつのりますゥ……

テレビの画面では、都はるみが一人で力んでいた。同じ布団の上でビールを酌み交していながら、うそ寒いすきま風が吹き抜けている。暗い窓の外では蛙たちの号泣が、またひときわ激しさを増した。若者たちの寒ざむとした宴は、まだ続いていた。

夜の森

国鉄常磐線「夜の森」は、小さな停車場である。左右を高い崖に挾まれた谷間に、まっすぐ伸びた単線の二本のレールが、白く光っていた。一時間に一本もない各駅停車の鈍行のほかは、列車はすべて、スピードを加えて通過していく。古びた山小屋のような駅舎は、素朴な山村の情趣を残している。ふしぎな雰囲気をもつ駅と町であった。

町のあちこちに林があった。いまにも、一陣の風が木々の葉を鳴らして渡り、林の中から宮澤賢治の童話の主人公が現われてくるようにさえ思えた。かつては、地名のままに、昼なお暗く、うっそうと繁った原生林だったのであろう。

雑木に囲まれた質素な民宿——。約束どおり、藤本一臣さんは待っていてくれた。五十六歳。広島県出身者である。

「早いもんで、ここに世話になって、もうすぐ、ふた月になりますけん。」

原発とかかわる前は、福山市のコンビナート造成工事をやったという。その前は、なにをしていたのか？

「ただの百姓じゃけ。わずかな畑は、いまでも嬶《かかあ》がやっちょるけんね……」独りごとでもいうように、語尾が消えた。

彼は、広島県安芸郡の農民であった。二十歳になり、兵隊検査と前後して〝赤紙〟（徴兵令状）がきた。呉市の軍港にいた一年余は、連日連夜のすさまじい米軍機の空襲の記憶しかないという。そして敗戦——。

「うちのもんは、ピカ（原爆）には遭わんじゃった。けんど、行方知れずの身内を探しに、実家がある市内に入った母親がやられた。はじめは髪が抜け、つぎに目をやられた……」

母親には、白内障と告げたが、じつは白血病を併発していた。その母親は、病いの死を待たずに、納屋で首つり自殺した。

「医者の支払いがたいへんでなぁ、先祖伝来の畑が一部人手に渡ったけえ、それが耐えられんかったんじゃろ……」

三十五歳になっていた。しゃにむに働いた。ミカン、モモ、そしてニワトリ……。農林省が推奨する作付転換は、たいていやった。ハウス栽培のピーマン、トマトも試みた。二、三年は、うまくいきそうにみえた。もう有頂天であった。

「鉄骨を組んだビニールハウスは、夜もこうこうと電灯つけてな。C重油をバンバン炊いて、『正月用のトマトの出荷じゃ。こんどは、うまくいくけえ』と、ひと山あてた気分じゃった。」

だが、ハウス栽培が本格的に軌道に乗るころには、他の農家も同様であり、出荷価格はみるみる下がっていった。ハウス、散水装置、暖房送風装置、小型トラックなどの購入資金は、国と県と農協の貸付金である。赤字だ――。借金だけが残っていった。急騰する重油の代金にも、目の玉がとび出る。オイル・ショックは、彼を強烈に打ちのめした。

母親の非業の死にも耐えた藤本さんだったが、このときばかりは、福山市の歓楽街で、正体がなくなるまで酔いしれた。そのまま、コンビナートの日雇い人夫の群に身を投げた。行きついた先が〝原発ジプシー〟である。酒におぼれてから、ここまでくるのに、六ヵ月とはかからなかった。原発の炉心で定検作業する彼の日当は、五千円から七千円の間を上下していた。

「アゴ（食費）、ドヤ（宿泊代）、アシ（交通費）は親方もちじゃけぇね。被曝線量さえ、ちぃと我慢すりゃ、悪い条件とはいえん。いっとき、バクチとオナゴに呆けたが、これに手ぇ出さんかぎり、嬶《かかあ》に仕送りもでくるけん。百姓に比べりゃ、仕事は楽なもんじゃけえ。」

セミの声があたりに降りそそいでいた。藤本さんは、肩で息を吐くと、タオルで顔を拭いた。それを小さく折りたたんで、もう一度拭く。ふしくれだった武骨な黒い手は、まぎれもない農民の手であった。

「もう帰るン？　これから、どっちゃ？（どちらへ？）」帰りぎわ、庭に水をまいていた民宿の娘が、私に声をかけた。取材中、何度かお茶を運んでくれた女子高生である。

「藤本のおんちゃは、えらいんだァ。ここには、バクチやら競輪やらで、親方に借金して、身動きとれね人がいっぺぇいるんだ。げんども、おんちゃは、月々家へ送金して、まんだほかに、でっちり（たくさん）貯めてんだぁ。近く嫁ごに行く娘さんのためだっぺ。珍しいべ、ここじゃ、あんな人。おったまげちゃう。」娘は、大人びた口調で、目をくりくりさせて、そういった。

原発労働者の宿泊代は、町の民宿協会の協定で一泊二食が二千五百円から三千円だという。藤本さんは、貯金通帳を民宿の女主人に預けている。前に敦賀原発にいたとき、肌身離さなかった貯金通帳を、作業中にロッカーから印鑑ごと盗まれたことに、懲りたらしい。

民宿を出ると、みごとな夕焼けであった。ときおり、木々の梢をゆすって、肌涼しい風が林を吹き抜けて過ぎた。もうすぐ夜の森に、本当の夜が訪れる。

日記帳

ここに原発労働者の一人が書いた一冊の大学ノートがある。その存在をきいて日参し、拝み倒して見せてもらったものだ。きちょうめんな細かい字で、びっしりと書きこまれた日記帳である。以下は、その抜き書き――。

×月×日　「福島原発へいってみないか」と誘われた。東芝に出入りのバルブ業者が紹介した四国出身の人出し屋、K親方だ。期間は二ヵ月。食費、宿泊費とも親方もち。あがりアブレ（雨天の休職）なしで一日数時間で六千円くれるという。

うまい話なので、「ヤバイのか?」ときくと、「原発やけえ、ちいとは危い。炉心におりてもらうきに」。しりごみすると、「七千円出すけん、行ってや」といわれた。

「宿は相部屋になるけんど、給料のことは誰にもいうな」と念を押された。「なんで福島みたいな遠いとこへいくんか。地元に人はおらんのけ?」ときくと、「地元の人間は、原発側がきらいよるち。地元に内部のことがわかるといけん」とか。なんとなく、変てこな話をきいたな、という感じだ。

×月×日　出発前の身体検査があった。健康診断のきびしいことにびっくりした。血圧、血沈、レントゲン、尿検査……全部やる。ほかにも十六人のニコヨン（日雇い労務者）が検診をうけたが、何人かが不合格だった。なんでも白血球が多いとか少いとかいうことだった。

×月×日　早朝、現地へ向かった。国鉄の切符は現物支給された。現金だとトンズラ（逃亡）されるのをおそれたのだろう。新幹線をのり継いで、常磐線の浪江駅に着いたのは、夜八時をすぎていた。指定された宿に入ると、「東芝」と胸に縫いとりのある作業服の男がきて、「これを書け」という。履歴書だった。一ヵ所、「事故発生時の連絡場所＝肉親など」という欄がある。ドキリとした。

×月×日　一日目だ。朝の七時四十分ごろ、大型バスが迎えにきた。労務者三十人ぐらいが浪江町内の病院と大熊町の病院の二ヵ所を回って、ほとんど同じ検査を二度繰り返した。
あとで、先輩の労務者にきくと――。二回の検査は、いつか病気になったときに、やれ労災だ、やれ放射能のせいだとゴネられないように、また作業中に貧血などでぶったおれると大ごとになるので、あらかじめやっておくのだそうだ。

×月×日　バスで福島原発の門をくぐった。こんなに大勢の人間が必要かと思うほど、何台ものバスやマイクロバスがつづき、ぞろぞろと労務者が降りてきた。いったい、何百人いるのだろう。
安全教育が原発構内の集会所二階大広間ではじまった。講義の内容は、①原子力開発はなぜ必要か、②原子力発電のしくみ、③原発の安全システム、④現場作業のすすめ方、の四つだ。短い映画を見たあと、東芝のなんとか課長というのが、入れかわり立ちかわり講義した。みんな「安全な原発」を強調した。

×月×日　安全教育は、きょうで三日目。作業手順を映画やスライドで見た。このなかで、ギョッとする話が出てきた。
「未成年者は管理区域内での作業はできない」「過度の被曝によって生殖能力を失うこともある」「作業中に放射能を帯びたチリや蒸気を吸いこむと、内部被曝する」「生傷《なまきず》がある者は管理区域に立ち入ることはできない」……。眠気は、吹っとんでしまった。

「ある種の核種が体内に入ると、骨ずいを犯され、造血機能がやられて白血病になることもある。」

そんなことを講師が話していたときだ。ドタリと音がして、受講者の一人が倒れた。見ると、うちの宿に泊っているオッサンだった。あとできくと、広島出身者だという。肉親が原爆で死んだとかで、講義をきいているうちに悪感が走り、ふらふらっとしたらしい。診療所にかつぎこまれたこの男、夕方、宿へ帰ると、姿が見えない。「逃げた」「まだ町内にいるはずだ、探せ」と東芝関係者が騒いでいた。なんでも、その男はタクシーで隣町まで逃げ、急行列車に飛び乗ったらしい。


×月×日 きょう、いよいよ作業開始。生まれてはじめて原子炉建屋の管理区域のなかに入った。建屋の入口は、大きな倉庫の玄関みたいなものだった。素っ裸になって、きめられたピンクの下着を着る。黄色い軍手、軍足を二重にはめ、黄色の上下ツナギの作業服を着て、フードをかぶり、その上にヘルメットをかぶる。ゴム手をして手首と足首、首筋をガムテープで密封する。寸法のあわない、ごそごそのゴム靴をはき、廊下をすすんだ。

潜水艦のハッチのようなまるい扉を入ると、すぐまた同じような扉があり、気密の二重扉になっていた。外側を完全に閉めないと、次の扉はあかない。エア・ロックというのだそうだ。緊張する。いよいよ原子炉建屋に入ったのだ。

エレベーターで上にあがると、そこが原子炉の真上だった。目の下、約八メートル。にぶく鉛色に光った炉心の内側。ところどころに作業用の裸電球がぶらさがっていた。おそるおそる内側にとりつけた鉄製のハシゴを三人一組でおりる。一歩ずつ、慎重に鉛板を敷きつめた足場に降りた。そおっと、足場のすき間から下をのぞくと、深い水がたまって光ってるのが見えた。とたんに、キンタマがゾクッとした。もし、いま立っている鉛の足場が落ちたら、完全にオダブツだと思うと、妙におちつかない。そそり立つ鉄の壁にかこまれた円型の底。直径は五メートルもあったか。

ヘルメットの外から、マイクを通して監督の声がひびく。「よく見ろよ……」。壁のあちこちに、二センチぐらいの黒い穴があった。床にはウェス（ぼろぎれ）を巻きつけた一メートル五十センチほどの棒が置いてあった。

作業は、二人ずつが棒を穴の中に突っこんで、何回もまわす。ウェスには、べっとりと赤茶色のサビがつく。何度もやる。まるで、サウナぶろに入ったときのように、体の毛穴という毛穴から汗が吹き出る。が、絶対に手で、体や顔をこすってはならないといわれていた。

――作業は、無我夢中で終わった。脱衣場で着衣を脱ぎすて、頭からシャワーを浴びる。何度もからだをこすった。入念に力いっぱいこすったつもりなのに、脱衣場のハンドフットモニターが、「もう一度洗え」と表示し、ビービー音をたてるのにはまいった。汚染だ。もう一度、シャワーに逆もどり。外へ出たときは、もうくたくただった。やたらと空気がうまいと思った。

×月×日　きょうは、おそろしい体験をした。死ぬかと思った。炉心の廃材を運び出しているうちに、胸のアラームが鳴った。あわてて逃げ出しにかかったが、気が動転して、出口がわからない。大声で叫んだが、だれも出てこない。アラームは鳴りっぱなし。私は重い廃材をかかえたまま、かけ出した。投げ捨てることなど思いもつかなかった。恐怖で息がきれる。

どれくらいかけただろう。走っても走っても、出口は見つからない。全身から力がぬけた。私は心細くなって、歩きながらオイオイ泣き出した。大の男が、恥も外聞もない。「もうだめだ。このまま俺は、一人ぼっちで、原発の中で死ぬ」と本気で思った。

係員に発見されたときは、二十分後。もっと長い時間だと思ったが……。じつは、同じところをぐるぐると回っていたのだった。パンツの中は、ぐしょぐしょ。失禁していたのだ――。

×月×日　相部屋の男が、「家へ帰りたい」と言い出した。青森からきた十七歳の若者だ。年齢をいつわって、二十一歳と申告して働いていた。

「あんた、被曝が多すぎる。線量がへるまで帰すわけにはいかん」と医者にいわれ、がっくりと肩を落としていた。見ていると気の毒で、胸がつまる。

ピンはね

男たちが原発にたどりつくまでの動機や道すじは、さまざまである。

渡辺辰巳さん。四十三歳にしては、皮膚の色が悪く、十歳は老けてみえる。猫背のせいだろうか、小柄な体が余計に小さく感じられた。

兵庫県西脇市の高校を中退。尼崎市の町工場で、永く板金工を勤めた。数年前、会社は倒産。失業保険（雇用保険）は、みるみるうちに終わっていた。職業安定所にも何度も通った。新聞の拡張員や百科辞典の訪問販売もやってみた。

「再就職いうたかて、この齢や。ぜいたくはいうとれへんでな。四十の手習い、やってはみたけど、あかん。ふた月でケツ割ってもた。どだい、永年機械いじっとった職人に、セールスマンは無理やわな。あれ思うたら、原発の定検の方が、なんぼましかわからん。」彼は、実際にそう考えているようであった。

「ただな。原発でいちばんむかつく（腹が立つ）のは、ピンハネや。同じ親方について、ひとつ作業をやっとるのに、日当五千円のもんやら九千円のもんまで差がついとる。これが胸くそ悪いねや。」どの職種にも存在することではあるが、それは、だれの責任なのか。

「いちばんの張本人は親方や」と彼はいう。

彼の〝親方〟に会ってみようと思った。電話してみると、「夕方なら手があくから、かまへんよ」という。かなり緊張してダイヤルしたのだが、拍手抜けの感じである。約束通りに現われた男は、意外にも三十代半ばであった。

「絶対に名前も齢《とし》も出すな。ほなら話したる。これが条件や」――大阪弁だった。日焼けした腕に光る金時計。灰色の作業服のボタンの間から濃い胸毛がのぞく。見るからに、精悍な男である。

「わしがピンはねの張本人やと？　そんな寝呆けたこというとるさけ、あかんのや。定検いうのはな、上から下まで、それこそ骨のずいまでピンはねや。全部、暗黙の了解事項――それが原発いうもんやで。」

彼は二十人ほどの作業員を定検に入れている。いわゆる〝人出しの親方〟である。ふつうの人出し屋と異なるのは、原発では親方といっても、作業員とともに率先して炉心作業につくことである。

「それでも、乞食と親方は、一日やったらやめられへん。わしらのとり分は、作業員一人頭せいぜい四、五千円か。これはピンハネやのうて、手数料というものや。それでも親方二年もやれば家が建つ

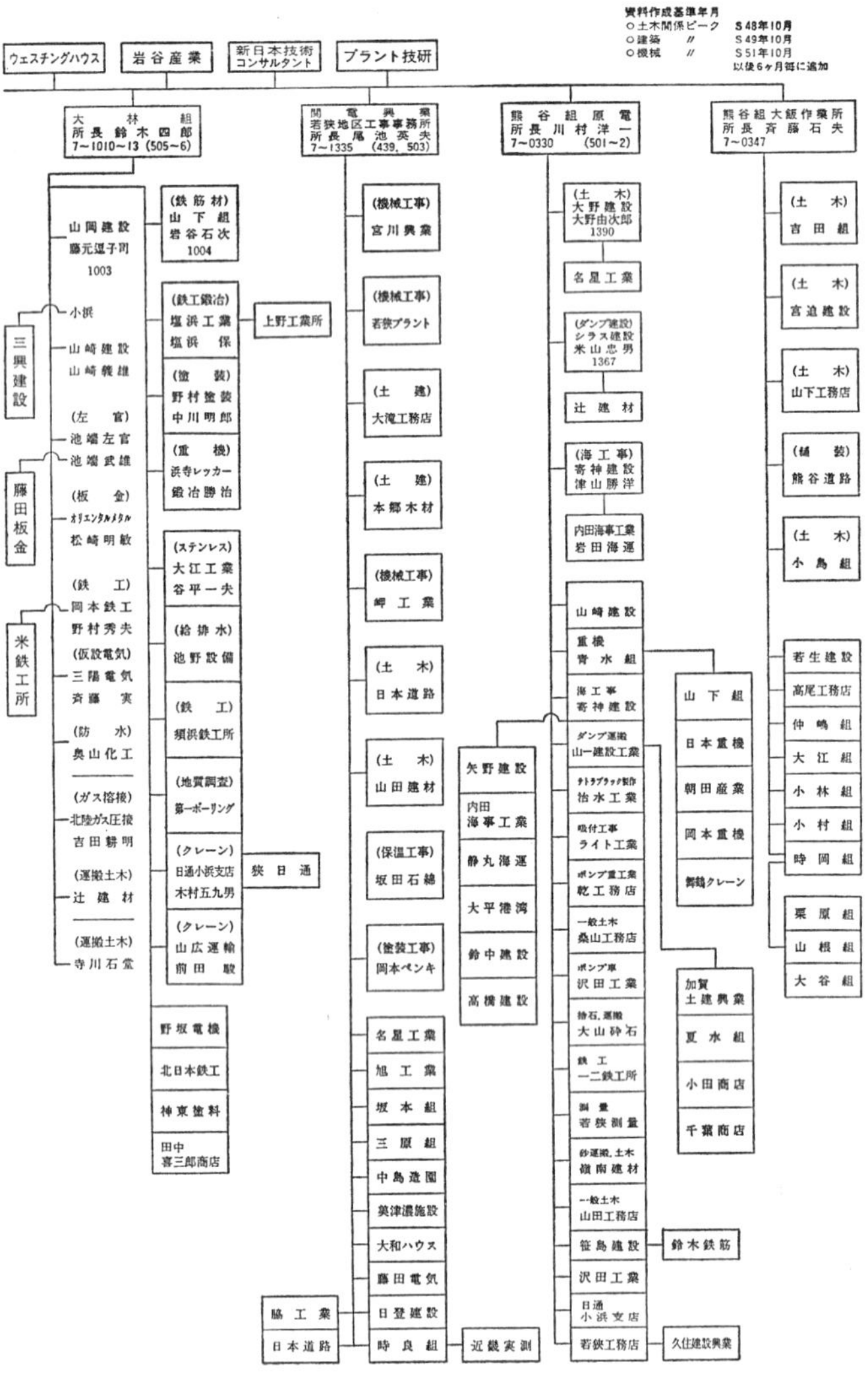
資料作成基準年月
○土木関係ピーク　S48年10月
○建築　〃　S49年10月
○機械　〃　S51年10月
以後6ヶ月毎に追加
ウェスチングハウス
岩谷産業
新日本技術コンサルタント
プラント技研
大林組
所長 鈴木四郎
7〜1010〜13 (505〜6)
関電興業
若狭地区工事事務所
所長 尾池英夫
7〜1335 (439, 503)
熊谷組原電
所長 川村洋一
7〜0330 (501〜2)
熊谷組大飯作業所
所長 斉藤石夫
7〜0347
山岡建設
藤元逗子司
1003
小浜
山崎建設
山崎義雄
(左官)
池端左官
池端武雄
(板金)
オリエンタルメタル
松崎明敏
(鉄工)
岡本鉄工
野村秀夫
(仮設電気)
三陽電気
斉藤実
(防水)
奥山化工
(ガス溶接)
北陸ガス圧接
吉田耕明
(運搬土木)
辻建材
(運搬土木)
寺川石material
三興建設
藤田板金
米鉄工所
(鉄筋材)
山下組
岩谷石次
1004
(鉄工鍛冶)
塩浜工業
塩浜保
上野工業所
(塗装)
野村塗装
中川明郎
(重機)
浜寺レッカー
鍛冶勝治
(ステンレス)
大江工業
谷平一夫
(給排水)
池野設備
(鉄工)
須浜鉄工所
(地質調査)
第一ボーリング
(クレーン)
日通小浜支店
木村五九男
狭日通
(クレーン)
山広運輸
前田駿
野坂電機
北日本鉄工
神東塗料
田中喜三郎商店
(機械工事)
宮川興業
(機械工事)
若狭プラント
(土建)
大滝工務店
(土建)
本郷木材
(機械工事)
岬工業
(土木)
日本道路
(土木)
山田建材
(保温工事)
坂田石綿
(塗装工事)
岡本ペンキ
名星工業
旭工業
坂本組
三原組
中島造園
美津濃施設
大和ハウス
藤田電気
日登建設
時良組
近畿実測
脇工業
日本道路
(土木)
大野建設
大野由次郎
1390
名星工業
(ダンプ建設)
シラス建設
米山忠男
1367
辻建材
(海工事)
寄神建設
津山勝洋
内田海事工業
岩田海運
矢野建設
内田海事工業
静丸海運
大平港湾
鈴中建設
高橋建設
山崎建設
重機
青水組
海工事
寄神建設
ダンプ運搬
山一建設工業
テトラブラック製作
治水工業
吸付工事
ライト工業
ポンプ重工業
乾工務店
一般土木
桑山工務店
ポンプ車
沢田工業
捨石, 運搬
大山砕石
鉄工
一二鉄工所
測量
若狭測量
砂運搬, 土木
嶺南建材
一般土木
山田工務店
笹島建設
鈴木鉄筋
沢田工業
日通
小浜支店
若狭工務店
久住建設興業
山下組
日本重機
朝田産業
岡本重機
舞鶴クレーン
加賀土建興業
夏水組
小田商店
千葉商店
(土木)
吉田組
(土木)
宮迫建設
(土木)
山下工務店
(舗装)
熊谷道路
(土木)
小島組
若生建設
高尾工務店
仲嶋組
大江組
小林組
小村組
時岡組
栗原組
山根組
大谷組

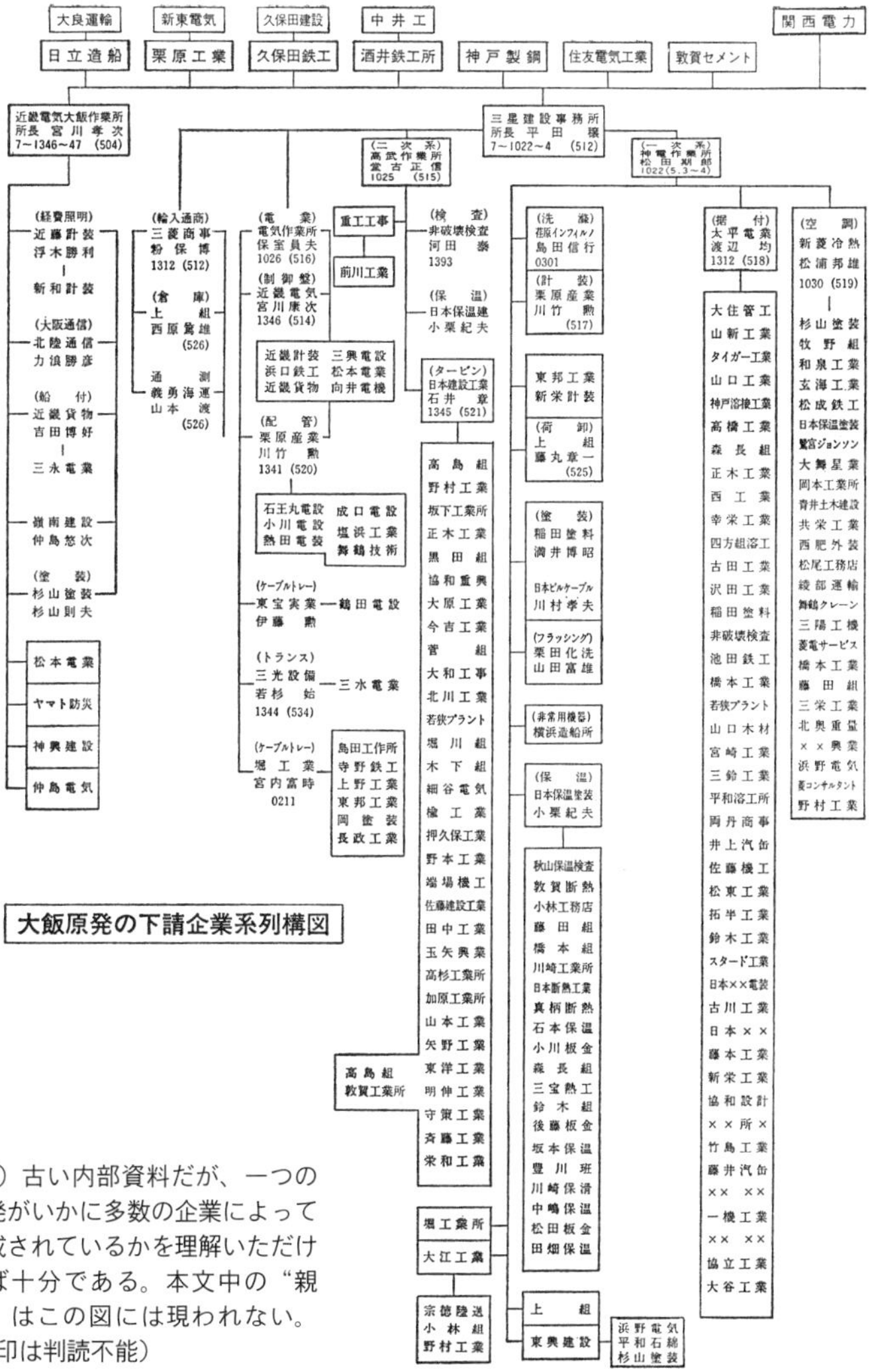

大飯原発の下請企業系列構図

（注）古い内部資料だが、一つの原発がいかに多数の企業によって構成されているかを理解いただければ十分である。本文中の“親方”はこの図には現われない。（×印は判読不能）

がな。わしら末端の人出しでも、そんなもんや。」一気にそう話すと、彼は、やや声をひそめた。

「ここまでいうたら、わかるやろが。上の方のピンハネが、どのくらいエゲツないもんか……」

定検の補修は、ひと工事いくらの請負いである。工事の内容や放射能汚染の程度に応じて、作業に要する人員の概数がはじかれる。電力会社が支払う労賃は、一人あたり三万円から三万八千円ぐらいの計算だという。

原発の点検・補修体制は、巨大なピラミッドのような構図になっている。頂点に電力会社がある。土木建設、機械、電気、計装、除染、核燃料輸送……などの業種ごとに、電力―元請各社―系列会社はじめ下請各社―孫請各社―人出しの親方にいたる。

「ええか。定検いうのは、こないなしかけになっとるのや。けど、実際に現場で作業するのは、わしらが入れた兵隊や。出面《でづら》(日当)が兵隊にわたるときには、七千円から八千円になる。そやからな、ピンはねをいうのなら、もっと大もとの、ここへ目ぇつけんかい。わしらのとこへくると、ピンはねも可愛らしゅうなるよってに……」

まるで原発の炉心周辺を走りめぐる大小無数の配管と機器のように、労働者が原発に流れこんでくるパイプは複雑で多様である。その多重構造のトンネルをくぐるたびに、労働者自身がうけとる出面は目減りしていく。

「わしら末端の親方が手にするのが、一万二千円から一万五千円。親方の才覚にもよるし、ヤバイ仕事かどうかによってもちがう。ここから親方は、日当、旅館代、食費、交通費を支払うわけや。しかも、人夫を一人ひとり口説いて集めてくるのは、だれでもない、わしら親方やないかい。

見てみい、元請けのやつら。作業員の名を帳簿に記入するだけで、がばっがばっと抜いとるくせに、まだ食いたらんと見えて、ダミー会社まで通して、二割もピンはねしとるがな。たとえば東芝共同企業体いうのがそれや。日立も、三菱もおんなしこっちゃ。日当のピンハネだけやない。東芝、日立は工事そのものを手抜きしとる。一件あたり億単位の工事やでな、ちょっとした手抜き、ピンハネでも、ごっつい額や。それが全部、談合でな。暗黙の了解事項としてまかり通っとるのや。このこと、忘れなや。」

彼はタバコを口端にくわえた。作業服からしゃれた形のライターをとり出し、シュバッと火をつけた。金色の焔。「ダンヒル」であった。

欲とカネ

「ついでに、もうひとつ言うといたろか。」ふうっと煙を天井に向けて吐き出し、親方が言葉を継いだ。

「あんたな。いっぺん全面マスクして炉心に降りてみい。あれは、人間のいくとこやない。どだい、人間が入る構造にできとらへんがな。はっきりいうて、この世の地獄や。けどな。それを百も承知で、人夫は群がってきよるのや。なんでや思う？」

瞬時、うかがうように私を見た彼は、一転して、機関銃のようにまくし立てた。

「カネと欲――。これやがな。定検いうたかて、長うても半日も働いたらパンク（アラームメーターにセットした一定の被曝線量をこえること）や。一号炉、二号炉なんか、汚染がひどいでな、きついときは四、五分の作業で胸のアラームが鳴ることもある。そんなときは、体がだるうてあかん。一日、ごろごろして暇つぶしや。これが労働やろか。阿呆かいな。一日五分働いて、なにが労働や。わしにいわしたら、屑や。穀つぶしや。それでも、日当八千円。結構なもんやないかいな。」

いまにも落ちそうな灰に気がつき、彼は煙草を灰皿に押しつけ、力をこめてすり潰した。

「放射線のつよい炉心作業は危い、という人もおる。そら、たしかに危い。けどな。世の中に危のうない仕事があるなら教えてんか。地下鉄工事でも、ビルでもダムでも、現場には死傷事故はつきものや。道あるいとっても、交通事故で死ぬやないかい。そやけど、原発の定検で死んだやつは、おらへんでぇ。」

珍妙な理屈ではあるが、一理はあった。それなりの説得力はもっている。しかし考えてみれば、被曝作業が四、五分で終わってしまうとすれば、それは労働者の責任ではあるまい。放射線下の作業と一般工事作業を単純比較して、死傷率を論ずるのも、乱暴な話だ。おそらくそれは、東電か東芝、日立か、その元請け企業あたりの論理の受け売りだと思われ、それはそれで私にはおもしろかった。私はいっさい反論を差し控えた。

「見てみい。セコイ奴は、自分のアラーム（携帯用放射線量警報器）を、線量の高い配管に近づけて、わざとに鳴らしよる。それで〝本日、一丁あがりィ！〟や。〝はい、労働者階級諸君、本日もご苦労さん！〟とかなんとか、へらず口たたいて、いそいそと出ていきよるがな。ええ稼ぎや。しょせん、日雇い人夫いうのは、人間の屑やで。」

親方は雄弁であった。話すほどに勢いこみ、みずからの言葉に酔っているふしもある。

「どんな仕事でも、一日汗水流して働いて、疲れて飲む酒はうまいもんや。原発はどうや？　体がナマってもうとる。心までもナマって、柔《やわ》になっとる。どうや、鼻たれ小僧みたいな若いのが、ピッカピカの車、乗り回して、家へいんだらカラーテレビ見て、洋酒飲んどるやないか。原発さまさまや。つまるとこ、カネやがな。増設もカネなら、手抜きもピンハネもカネ。炉心に入るのも、みな欲とカネや。これが原発渡世いうもんや。あんた、どない思う？」

鼻血

「こ、これたい……わしが働いちょった原発の作業現場たい！」

北九州市小倉に住む梅田隆亮さん（四十四歳）は、新聞を手にしたとたん、思わず叫んだ。赤旗日曜版の特集記事「これが原発ジプシーだ」（一九七九年六月二十四日号）が目にとまったからだった。

「なんと、こゝ通りたい。この格好ばして炉心で働いとったち。まちがいはなか。見ちみい、こりは、わしゝこつたい。」あっけにとられている妻に、彼は紙面を広げてみせた。

「この記事は本当たい。この記者に、すぐ連絡ば、とっちくれ。」

彼は、日本原電・敦賀発電所で定検作業を終え、一ヵ月ぶりに妻子の待つ北九州市に帰ったばかりであった。梅田さんの体に異常があらわれたのは、帰郷三日目の昼すぎである。

「どげんしたと？　鼻血ば出よるが。」

友人にいわれ、口元に手をやると、指にべったりと血がついた。

「疲ればい。心配せんでよか。」妻には、そういったが、一抹の不安がよぎった。

翌日も、つーっと鼻血が。つづいて吐き気、目まい。全身に、ひどいけだるさがある。

（もしや――）

珍しく、仏壇に向かって合掌し、読経した。「妙法蓮華経――ほおべんぼん　だいに……じせえそん　じゅうさんまぁい……」夫妻は、日蓮正宗・創価学会の信者である。

病院へ――。医師の所見は「放射線によるものと思われるが、詳細は不明。」

彼が友人から赤旗日曜版を見せられ、問題の特集記事にふれたのは、そんなときであった。

「原発では、いくら人手があっても足らんごつあった。わしも赤い防護服、全面マスクばつけて、毎日炉心に入ったと。」

約一ヵ月の作業が終わり、いよいよ帰郷という日の朝のことだった。

「ちょっと待った！」ホールボディ・カウンター（体内被曝測定装置）の測定を終え、ベッドから起き上がった彼を、原電の若い係員が呼びとめた。体内被曝は、口や鼻、血液を通して体内に入りこんだ放射性物質によるものだが、下請け労働者は現地到着時と帰郷時の二回測定することが義務づけられている。

二二四七カウント。デジタルに示された彼の内部被曝数値である。これは通常の三倍もの被曝の値である。係員の頬がひきつった――。だが、なぜか、彼はその日のうちに帰郷が許された。

手紙

「梅田設備社長」――これが梅田さんの名刺に書かれた肩書きである。彼は、新日本製鉄の孫請け業者であった。赤旗記者の私にあてた手紙に、彼は自分をこう表現している。
「昭和五十三年（一九七八年）の中頃より、地元企業の仕事量が減り、たまにあっても採算がとれない工賃で、思い悩んで居りました。かつてわ（ママ）、高度成長期にわ、仕事を私達が選ぶというようなことさえあり、それに比べると、この頃の不況わ、想像もつかない状況です。こうしたときに、原発の仕事の発注をうけたのです。五十四年五月七日、得意先の井上工業（下関市・日立プラントの孫請け）から頼まれ、数日たってから福井県敦賀の原発へいきました。（中略）
原発の仕事わ、採算のとれるもので、この頃の不況では、否（ママ）でも引きうけざるを得ないのです。敦賀原発で私が見たのわ、恐ろしい光景でした。（中略）あらかじめ決められている工事日程のためにわ、法律できめられている許容量以上の放射線を浴びるのも仕方がないという、現場責任者の考え方。もし、制限を越えた場合にわ、ピーピー鳴っているアラームやポケット線量計を、他人のものと取り替えて身につけさせ、炉心へ降ろさせる……（中略）
炉心部の温熱のなかでわ、防護マスクの前面ガラスも曇り、熱くて息苦しく、汗びっしょりになるのです。中にわ、身体にわるいと知りつつもマスクを外し、曇りをぬぐってから顔につける作業員もいます。（中略）パイプ部品にグラインダーをかける作業でわ、もうもうとチリのたちこめるなかで、三十分、四十分……。作業員わ、放射線をうんと浴び、炉心の空気を直接ノドや肺に吸いこんでしまいます。どんなに細心の注意を払って作業しても、被曝わ避けられないのです……（後略）」

——手紙は、まだ続いていた。

トリック

梅田さんとともに敦賀原発で働いたという労働者を訪ねた。

福岡県中間市。早崎三男さん（四十六歳）は、遠賀川《おんが》のほとりの市営住宅の三階に住んでいた。配管工である。

「梅田さんの話にウソはなかと。そッ通りたい。」はきはきとものをいう人だった。原発労働者には珍しく、記憶もしっかりしていた。小柄だが、がっしりとした骨太い体格。肩と腕の筋肉が堅くしまって、盛り上がっていた。元陸上自衛隊員である。

「忘れもせん。敦賀の原発を離れるときのホールボディは、わしが八四〇。梅田さんが二二〇〇いくらか出た。びっくりしたと。梅田さんが、いまでん泣きそうな顔ばしちょるばって、なんとか励ましてやろうと思うて、『おまえ、もう死ぬるばい』と、冗談ばいうて笑わせよったですたい。まちがいなかたい。」

私は、さらに彼らといっしょに働いたという男たちを一人ひとり訪ねて歩いた。行く先ざきで聞いた原発内部での作業実態は、にわかには信じがたいようなことばかりであった。

多くの労働者が「自分の放射線手帳は、会社に預けたままばって、持っとらんたい」「そげな手帳のことは聞いちょるばってん、おりのは知らん」という。なかには、「そげな手帳、きいたことも見たこともなか」という者さえいた。

下請け労働者は〝放射線従事者〟として、中央放射線管理センターにコンピュータ登録された放射線手帳を各自が持つことが建て前になっている。これは、法律で強制されたものではないが、各電力会社と関係事業所は、それに従っている。だが、現実の労働者の〝証言〟は、それが形だけのタテマエであることを如実に物語っていた。

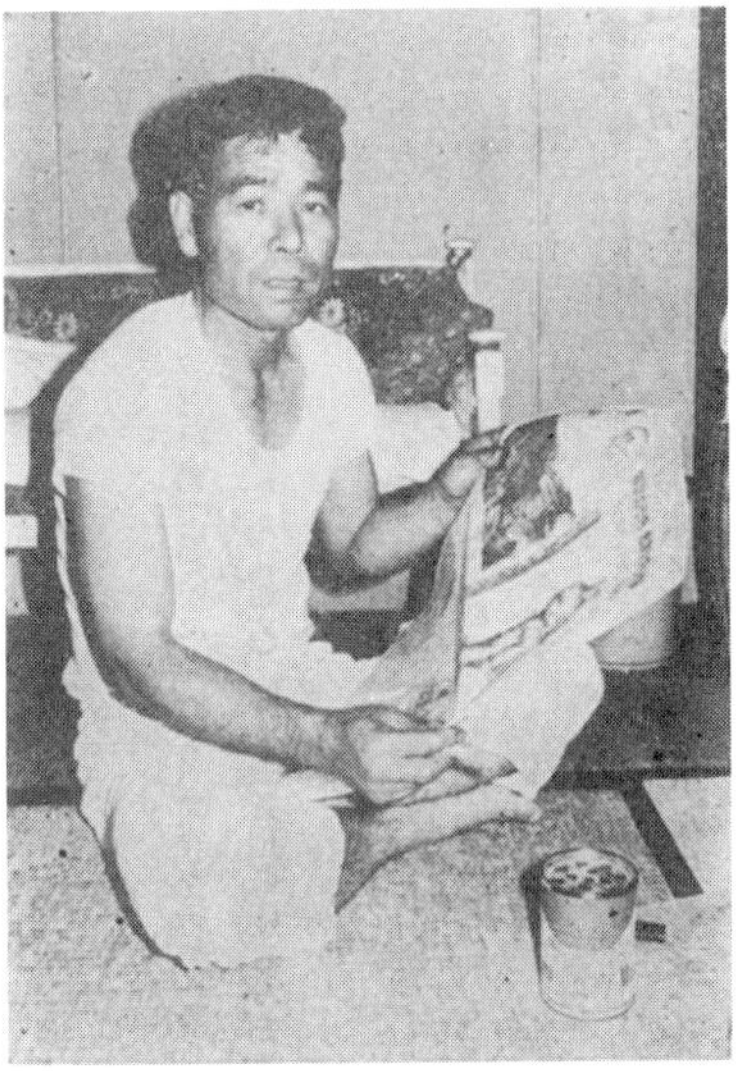

早崎さんは 2DK の市営住宅に住んでいた。

管理区域で作業する労働者が、放射線防護服の左胸の内ポケットに携帯する計器がある。

①**ポケット線量計（PD）**　太めの万年筆のような形の被曝線量の簡易測定器。望遠鏡のように筒をのぞきこむと、目盛りに針が表示される。この測定器は、指針がおおざっぱなだけでなく、衝撃には敏感で、床に落としたり、壁にぶっつけたりすると、針はプラスかマイナスのどちらかに振りきれてしまう。数値の単位はミリレムである。

②フィルム・バッジ（FB） 黒白写真のネガ・フィルムのようなもので、一週間なり一ヵ月ごとに現像して、その濃淡によって被曝線量を測定する。現像と測量は、機械が自動的に測り、デジタル表示するが、ポケット線量計よりも、少なめに計測する傾向がある。ケースは、トランプのカード大。

③TLD線量計 被曝すると、ATLD素子が放射線エネルギーを蓄積する。あとで加熱すると被曝線量に比例した光を発する性質を利用した検出器。

④アラーム・メーター（警報器） 作業者の被曝線量が、あらかじめセットした一定量に達すると、ピーッと警報音を立てる装置で、ちょうど文庫本ほどの大きさである。

注釈を要するのは、以上の計器は、いずれも外部被曝（皮膚など体の表面の被曝）を測定する装置にすぎないことだ。内部被曝（放射能で汚染されたチリ、ホコリ、汚染水、汗などを、口・鼻・傷口などから体内にとりこんだ、肺・気管支・食道・胃・骨ずい・血液など内部からの被曝）については、測定することはできない。内部被曝については、ホールボディ・カウンターで測定するしかないが、原発にそなえられたそれは、きわめてルーズなものであり、精密さに欠けている。

ジプシーたちの証言によれば、原発の管理区域のなかでは、外部の者にはにわかには信じられないようなことが、現実に行なわれていた。

「一日の制限被曝は、百ミリレム以下にするタテマエだが、実際には一〇〇ミリを大幅にオーバーすることはザラにあった。そのときは『八〇くらいに書いとけよ』とボーシン（現場監督）がいう。」

「線量をはるかにオーバーした人が、ボーシンの指示で、そっくり他人の計器と取りかえて作業したことも、一度や二度ではない。」

早崎さん自身も、「梅田さんのを持たされて作業した」という。こっけいともとれる、この田舎芝居じみた〝トリック〟は、まだほかにもあった。

「手ぶら」という手がある。計測器一式を、だれかに預けたり、線量のあまり多くない物かげにかくして、何も身につけずに作業にとびこむケースが、それである。

「文字通り、特攻隊のごたる光景たい。指揮するもんが、率先してあげな手ば示し、みなを引っぱっていくばって。おかしかと思うても、めったなことで口には出されんたい。」

さらに「鳴きどめ」という犯罪的手口もある。ピー！　――アラームの音が「予定数値オーバー。すぐとび出せ！」を告げると、ボーシンが作業員の胸に手をのばし、無造作にアラームのスイッチをオフにし、黙ってアゴでしゃくる。――もはや、作業は無制限である。アラームが、なぜか故障していて、いつまでたっても鳴らないことも、よくあるという。

6	7	8	9	10	11	12	13	14	15	16	17	18
0	70	40	70	—	26	30	80	—	45	—		
154	224	264	70	70	96	126	206	206	251	251		
154	224	264	334	334	360	390	470	470	515	515		
30	33	50	60	—	30	65	85	—	25	—		
180	213	263	60	60	90	155	240	240	265	265		
180	213	263	323	323	353	418	503	503	52[illegible]	52[illegible]		

量計記録日報」。記録をみるかぎり、２人の被曝線量は１日最
記載の違法行為が——

ボタ山

何人かの関係者の証言から、原発内部でのすさまじいまでの被曝作業の実態が浮かび上がってきた。その犯罪性は、被曝線量のインチキ記載にいたって、ここに極まる。

「それぞれの労働者の毎日の被曝量は、首からぶらさげたポケット線量計ば自分でのぞいて記入しよると。一五〇、二〇〇と浴びちょっても『一〇〇以下と書かにゃ、仕事ばあぶれる』ときけば、なかなか正直には書かれんたい。」こう打ちあけたのは、田川市に帰っていた荒井敏郎さん（六十歳）である。

遠賀川に近い筑豊炭田のどまん中が、彼の故郷であった。黒ぐろとそそりたつボタ山のかげに、彼はひっそりと暮らしていた。歳月とともに風化し、崩れるにまかせた巨大な古墳群——。ついニ十数年前まで、一世紀近くにわたって全国総出炭量の半分を産出してきた地底王国の、ここは廃墟であった。夏草が生い茂る廃坑のそこここに、しゃれこうべの眼窩のような大小の坑口が、よどんだ暗黒をのぞかせている。捨ておかれ、朽ち果

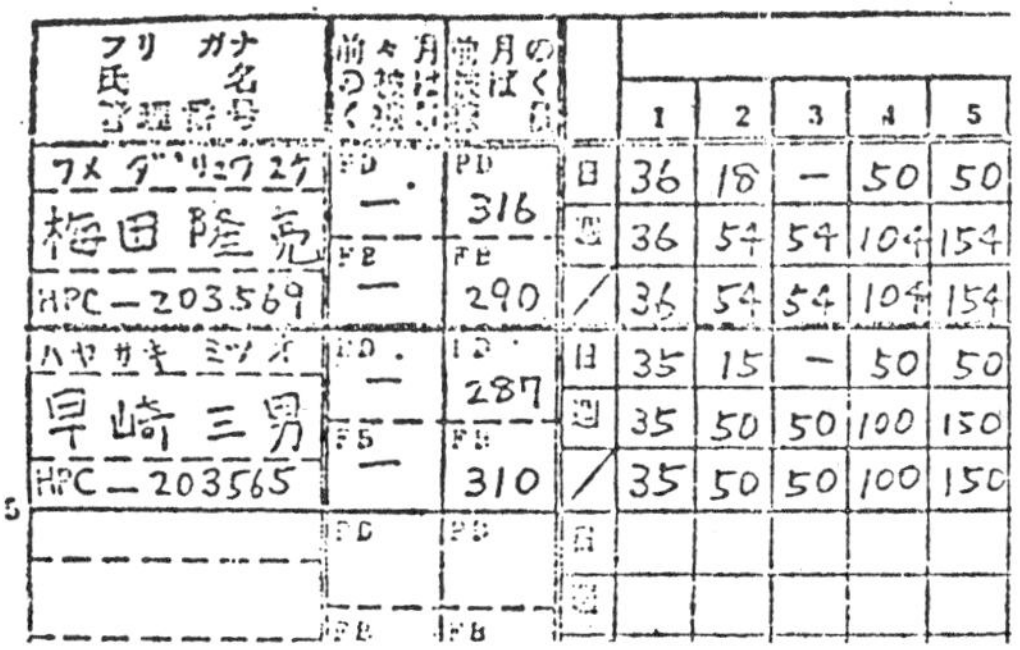

フリガナ 氏名 登録番号				1	2	3	4	5
ウメダ リュウスケ	PD —	PD 316	日	36	18	—	50	50
梅田隆亮	FB —	FB 290	週	36	54	54	104	154
HPC—203569			/	36	54	54	104	154
ハヤサキ ミツオ	PD —	PD 287	日	35	15	—	50	50
早崎三男	FB —	FB 310	週	35	50	50	100	150
HPC—203565			/	35	50	50	100	150
	PD	PD	日					
	FB	FB	週					

元請け企業に保存されている梅田・早崎両氏の「ポケット線
高85、最低8ミリレムと低い。しかしこのかげにはインチキ

た炭車が、肋骨を露出した馬の屍のような無残な姿で転がっていた。――そこが〝原発ジプシー〟のふるさとでもあった。

脅迫の影

私が、梅田さんたちの被曝線量の記録日報を入手したのは、彼と知りあった数週間後であった。日報は、さる下請け企業に保管されていた。

敦賀原発（日本原電）→日立プラント→西牧工業（本社・東京）→井上工業（下関市）→梅田設備（北九州市）。これが男たちを北九州の地から敦賀原発に結ぶ経路である。

入手した日報データの検証のため、私はふたたび北九州に梅田さんたちを訪ねた。だが、彼は人が変わったようにおびえていた。すでに井上工業、西牧工業の社員が九州入りし、脅迫と懐柔に乗り出していたのだ。

「医者や医療費のことなら心配するな。労災なみの保障もしよう。だから、ことを公にするような大それたことだけは考えるな。これからも発注で生きていくんだろ？　それが身のためだ。

そこんところを、よぉく考えるんだな。」

日立プラントの〝特命〟を帯びて東京からきた西牧工業の職員は、執拗に示談書の署名捺印を迫った。梅田さんは迷っていた。深夜、ヤクザな口調の男たちから電話がかかるようになったのはそれからだ。まず妻が青くなった。中学一年生の息子も、こわがって登校しなくなった。妻と子は実家へ避難させたが、ヤクザの脅迫はつづいた。彼がいくところには、必ず組員ふうの男が二人、見えかくれしていた。夜ふけには、布団でくるんだ電話器が執拗に鳴りつづける——。恐怖と疲労で、梅田さんはげっそりとやせ、青ざめていた。

「もういかん。わしはこわか……」私の顔を見るなり、彼はへなへなと畳にすわりこんだ。大男の彼が泣いていた。

本人たちに見せた日報の記載線量は、いたるところが改ざんされていた。

「定検中、一五〇ミリレムをこえたことが三回ある。それが全部八〇ミリ以下になっちょる」と梅田さんはいう。

早崎さんのところへも、口止めと脅迫のため、企業からの〝使者〟が派遣されてきていた。彼は水道配管工事のベテランであったが、「もうどこにいっても仕事はでけんようにする」という脅しはこたえた。体の不自由な息子の罪のない笑顔が浮かんでは消えた。重度身体障害児をかかえた彼の心は、波のように揺らいで疼いた。

「ばってん、これは犯罪でなかとか。こげんでたらめがまかり通って、労務者ば虫ケラのごつ扱うとるかぎり、わしら、どこまでいっても使い捨ての兵隊たい。

こげん非条理な、ひどかこつ、たたっ壊すとなら、わしは、いつでん証言台に立つと。炉心の奥で何ばやられちょっとか――。九州までも追っかけてきて、原発がどんなに小汚い脅しをかけちょるか――。どこでん、だれでん、わしははっきりと物ばいう腹たい。」野太い声で鬱勃《うつぼつ》とした意志を語った早崎さんの、その表情は痛憤にゆがんでいた。

一冊の犯科帳

世間《よのなか》を　憂《う》しと恥《やさ》しと思へども　飛び立ちかねつ　鳥にしあらねば
――山上憶良（万葉集　巻五）

泣き笑い

一冊の資料を入手した。横書きのけい紙が十五枚。ペンでびっしりと書きこまれている。表紙には、「参考資料。昭和五十四年（一九七九年）一月～同九月十九日」とある。それは〈交通事故〉〈捜査関係〉〈防犯関係〉の各項からなり、それぞれに数十件の犯罪事例が記されている。総計七十五件。記録は福島県警富岡警察署が作製した事件簿であった。その一部を紹介しよう。まず〈捜査関係〉の項から。抜粋は原文のままである。

「一、昭和五十三年十二月二十九日午前〇時ごろ、富岡町小浜海岸において、東電下請労務者六人対三人の集団暴行（傷害）事件発生。二月二十七日、三月五日、被疑者五名（一名任意）逮捕。

一、昭和五十四年一月十四日午後四時ごろ、東電第一原発東芝共同体宿舎内で下請労務者が、同僚の現金五十万円を窃取した多額現金窃盗事件発生。被疑者二十四歳の男逮捕。
一、一月三十一日午前〇時一〇分ごろ、富岡町内スナックにおいて、東電下請労務者（前科一〇犯）が、六千円の無銭飲食し、現行犯逮捕。
一、二月五日午前一〇時ごろ、富岡町において東電の送電線鉄塔建設中、作業員が六十四メートルの高さから転落死亡事故。
一、二月二十四日午前四時ごろ、大熊町ドライブインで東電下請労務者が同僚と口論。割った一升ビンで相手の顔を刺した傷害事件。被疑者逮捕。
一、四月八日午前二時ごろ、大熊町において東電下請労務者が就寝中の主婦を襲った婦女暴行事件。被疑者逮捕。
一、四月九日午前一〇時ごろ、富岡町の自宅において東電下請労務者が首つり自殺。（検視）
一、四月九日午後三時ごろ、東電第一原発内下請業者宿舎内において労務者の首つり自殺。（検視）
一、三月三十一日午前九時ごろ、東電第一原発敷地内で頭がい骨発見。（検視）
一、六月二十六日、千葉県成東警察署から詐欺罪で指名手配されていた東電第二原発下請労務者を逮捕。
一、八月十一日午後二時四〇分ごろ、第二原発構内で東芝下請従業員が海岸で休憩中、崖崩の下敷となり、二名死亡の事故。
一、八月二十九日楢葉町の二十一歳の男に暴行を加え、傷害を与えた第一原発下請労務者を九月三日通常逮捕。（覚せい剤も使用していた）
一、九月十五日午前一時三〇分ごろ、富岡町内で第一原発熊谷組下請労務者が、通行中の自動車を停

東電福島第一原発を海側から望む。

め、因縁をつけ、暴行を加え、車輌にも損害を与えた。
一、九月十八日大熊町長選挙にからんで、第二原発下請労務者が、住宅街の出入口に張込み、反対派運動員の出入を妨害しているとの苦情十数件。
一、九月十八日午後一〇時ごろ、富岡町夜の森の飲食店で、第一原発下請日立プラント労務者が飲酒の上、他の飲食店から包丁を持ち出して暴れ、暴行等で現行犯逮捕。
一、九月十九日午後九時五分ごろ、富岡町内の住宅に、第一原発太平電業下請従業員が「のぞき」に侵入、逮捕された。……」

これは、東京電力福島原発周辺で、原発労務者が起こした九ヵ月間の犯罪記録であった。のぞき、傷害、覚醒剤、婦女暴行、さらに転落死、首つり自殺、はては原発構内での頭がい骨発見に至るまで、多種多彩な事件が発生している。記録は、警察沙汰になった多くのなかから、とくに原発下請け労務者の犯罪だけを念入りに選び出していた。

福島県・浜通り一帯は、福井県の若狭と並ぶ〝原発銀座〟である。その密集立地ぶりは世界にも例がない。東電第一原発（六基）、第二原発（四基）、さらに広野火力（二基）が、わずか三十キロメートルの海岸線に林立している。おまけに建設中、準備中の東北電力の原町火力（二基）、浪江・小高原発（四基）が加わると、原発だけで計十四基（出力計千三百十七万キロワット）、火力が四基（計三百二十万キロワット）という超過密地帯となる。

入手した記録は、まさに、そこに生きる原発下請け労働者の〝犯科帳〟であった。人名や背景説明は何もないが、注意深く読んでいくと、記録の行間のそこここから、原発の男たちの生活の哀歓や、苦渋にみちた表情が見えかくれしていた。べそをかいた男たちの泣き笑い——それらが、すがるように何かを訴えていると私には思えた。

家出、泥酔……

いますこし、記録を拾ってみよう。こんどは〈防犯関係〉の項である。

「一、昭和五十四年一月七日、楢葉町内で飲酒、泥酔の上、タクシーにタイヤを投げつける等して暴れ、保護された。第二原発下請労務者。

一、四月十一日、富岡町内六号国道において泥酔のうえ、ふらつき歩行し、保護された。第二原発東電社員。

一、五月二十九日、富岡町内において泥酔の上、民家の玄関先に寝込み保護された。第二原発下請労務者。

一、四月二十八日、東電社員と食堂従業員のかけおち事件発生。捜索願提出。
一、六月三日、広野火力下請労働者（二十歳）が、異性関係と仕事嫌いで家出、六月十八日職場放棄で解雇。
一、六月十二日、大熊町内路上、飲酒泥酔し、寝ていて保護された。東電第一原発社員。
一、六月十九日、川内村路上においてシンナーを吸引し運転、接触事故をおこし逃走した事件。広野火力下請労務者（十八歳）
一、六月二十日、妻が東電第一原発下請労務者と家出したため憤慨し、相手の男のアパートから猟銃、実砲を窃取し、不法所持した事件。広野火力下請労務者。
一、六月二十一日、前記の猟銃奪取の男と一ヵ月位前から愛人関係にあった人妻（東電第一原発下請労働者の妻）が家出した。
一、七月四日、東電第一原発の下請労務者が、東電第一の下請労務者と親しくなり、駆け落ちした。
一、七月四日、広野火力下請労務者が、広野町の会社女子事務員を誘い家出。女子事務員側から捜索願い提出。
一、七月十一日、東電第一原発下請会社職員と親しくなった夫ある女性が、職員と一緒に帰ったところを夫に見つかり、夫と口論、家出。
一、七月三十日、東電第二原発下請労務者が原町市内で飲酒のうえタクシーに乗ったが、泥酔のため行先判らず、警察署で責任者に引渡し。
一、九月十七日午後三時頃、大熊町の町長選挙某候補者の選挙事務所に、第二原発下請労務者が飲酒の上入りこみ、いやがらせを行ない保護された。……」

記録の隅ずみから、原発をうけいれてしまった小寒村の、やり場のない、切羽つまったうめき声がもれてくるようである。ほとんど連日連夜、発生しているのが「泥酔の上、路上に寝込み……」「他人の家の玄関口に寝こみ……」の記載だ。泥酔などは、通常はすべてが警察に通報されるわけではないから、実際の件数はもっと多いであろう。飲酒泥酔についてだけは、労務者だけでなく、「東電社員」も数件、記録に顔を出していた。それにしても、原発の男たちが、毎晩こんなに酒を飲むのはなんだろう。正体のなくなるほどにまで、なにゆえに酔い痴れる酒なのか。

はたして、地元の住民たちは、記録にあるような状況を、どのようにうけとめているのだろうか。

国会図書館

待てよ――。ふと、頭をよぎったものがあった。私の足は、東京・永田町の国会図書館へ向かっていた。いつきても、図書館の雰囲気は悪くない。書物に向かって思惟する姿は人をひきつける。三階の新聞閲覧室は賑わっていた。各人が思い思いのポーズで、広げた新聞に目を走らせていた。しわぶきと紙面をめくる音だけが、天井の高い、広い閲覧室に響く。

半日、そこにねばった。主要全国紙の福島版をはじめ、「福島民友」「福島民報」「河北新報」など、地元紙を片っ端からめくった。縮刷版のマイクロフィルムものぞいた。だが、〝犯科帳〟に並ぶ事件は、ただの一件も活字の中に見つけることはできなかった。

思った通りである。事件は、まったく報道されてはいない。内心、得意気で、それでいて腹立たしくもある、ちぐはぐな心境で図書館を出た。国会議事堂が茜色《あかね》に染まっていた。

数日後、私は福島県へ向かった。常磐線平《たいら》駅に降り立つと、まっすぐA紙いわき支局を訪れた。同紙福島県版では当時『原発の現場』と題した続きものを連載中で、私はその進行に期待していた。この取材チームなら、富岡署管内の犯罪や町の荒廃を追っているだろうと考えたのである。応待した支局長は、〝犯科帳〟をうけとり記録に目を走らせた。その目が、みるみる光を帯びた。「コピーさせてもらいますよ。」それらの事件は、地元の新聞記者たちにさえ、ひた隠しにされていたのだった。

相馬盆唄

私は事件のいくつかに目星をつけ、該当地区を聞きこんで歩くことにした。どの町に入っても、住民や労働者の口は極端に重い。だが、事件を探し当てるには、さほどの日数は要しなかった。〝犯科帳〟は、やはり本物だったのである。

福島県は、三つの地域に大別できる。県庁のある福島市を中心とした「中通り」、新潟県境に近く常磐炭坑のあった「会津通り」、そして太平洋に面した一帯が「浜通り」である。浜通りには、単線の国鉄常磐線が走り抜けている。「双葉」で列車を降りた。炎暑。村々は夏の盛りであった。私は歩き疲れていた。

♪ハァーァ　エョー　今年ぁ豊年だーョ／（ア　コーリャコリャ）／穂に穂が咲いてョー（コラショ）
ハーアーア　道の小草にも／アレサァ　米がなるョー／（ハ　ヨーイヨーイ　ヨーイトサ）

炎天下の畑で、老農婦の唄う声をきいた。甲高《かんだか》い声の、その節回しは、波打つ稲の緑と、はるか阿《あ》武隈《ぶくま》山系の遠景になじんで、心底、美しいと思った。

♪そろだそろだよ　踊り子ぁそろだ／秋の出穂より　まだよぐそろだ
♪俺といがねか　請戸《うけど》の浜に／魚かせかせ　抱いて寝るョ
♪話は悪いもの　手ぁ止まる／唄はよいもの　仕事ぁすすむ

畔に腰をおろした私は、額の汗を登山帽で拭きながら聴き入った。即興らしい歌詞がなんとも味わい深く、おもしろい。かなりきわどい文句もあるが、卑猥《ひわい》な感じはしない。

♪音頭とる人ぁ　死んだが寝だが／寝だら起せぁ／死んだら送れ
♪器量は悪いが　踊りぁ上手／世帯　くり回しぁ／なお上手
♪話くらいで　焼餅やかば／ほんとにしたらば／餅やぐか
♪昔なじみと　古山道は／いまだに／ただせばただされる

やがて、私に気づいた彼女は、にっと照れ笑いして唄うのをやめた。いましがた自動販売機で買ったばかりの缶ジュースを差し出すと、老農婦は首にかけていた手拭いで手をふきながら近寄って、うけとってくれた。

「相馬盆唄。もうすぐ盆だがら……」と笑った。彼女は例年、踊りの音頭取りを頼まれるのだという。

〝白河以北一山三文〟――かつて、東北地方を、そう蔑《べっ》称した時代があったという。福島県下でも、とりわけ〝浜通り〟一帯は、〝チベット〟と呼ばれ、土地のやせた原生林が多かった。一九三〇年の世界恐慌の波は、窮乏の一途をたどっていた東北の村々を、どん底にまでつき落とした。三四年の大凶作が、それに追い打ちをかける。阿武隈山系は、四月になっても雪をかぶり、五月になっても東北に春は訪れなかった。

「まんだ、娘のころだ……おっがね（恐ろしい）ごとだった……百姓が食うものがねぇべした。米の代わりに大根をきざんで食っだり、木の皮ぁ剝いでぎて食っだり。田ンぼぁ、つぎつぎと高利貸のものになってね……」老農婦は、五十年も昔のことを、はっきりと覚えていた。

「そげにいうごときがねば、関東へ売っでしまう――親にそういわれるど、おっがなかっだ。……部落の掲示板にゃ、本当に『娘身売りの場合は当相談所へ』って貼り紙があっだべした。」

当時のもようについては、元NHK福島放送局の府川朝次氏は次のように書いている。

「……農民の心はすさんでいた。もう煮て食おうが、焼いて食おうが勝手にしてくれ、そんな捨て鉢な気分が、農村にみなぎっていた。人びとは刹那的になり、それが盆踊りの晩には、半狂乱になって踊りまくるといった形で爆発した。村には不純な性行為が氾濫した……」（『福島県民の歴史』山川出版社）

こうして東北の農村もまた侵略戦争の激流に飲みこまれていった。戦争中、男手をつぎつぎと戦地へ奪われた村の女たちは、原生林を拓き、一坪の土地にも種をまいて畑を守った。

双葉町にすむ、ある長老の話をきいた。先刻の老農婦の弟である。

「したども……水がねぐで……やせだ土地だべ。昔ぁ、ろぐな稼ぎもねがっだべ……。その代わり、カネを出すごともねぇ。……小金はねぇげど……そこはそれで、ごっでりと腹くっちい（満腹な）土地だべした。原発がきた松林のあだり……昔ぁ、夫沢とか〝長者ヶ原〟と呼んだっぺ……」

「夫沢」「長者ヶ原」

土地の名の由来を長老は知らなかった。その松林のあたりには、ずっと昔、よほどの長者が住んででもいたのだろうか。双葉郡に隣接する相馬郡原町市には、〝泉長者〟の伝説と地名が残っている。いわば〝養老の泉〟である。周辺の村々には〝朝日長者〟の伝説もあるが、〝長者ヶ原〟の起源を知るものはなかった。

双葉町、大熊町にまたがる百万坪をこえる福島原発の広大な敷地（約三百五十万平方メートル）。そのあたりは戦時中、国家に接収された陸軍「磐城《いわき》飛行場」であった。敗戦のどさくさに乗じて敷地の三割は、西武コンツェルンの総帥、故・堤康次郎氏（元衆院議長）に払い下げられた。代金は、当時の金でも、わずか三万円だったといわれる。

東電が原発建設で、〝長者ヶ原〟に着目したのは一九五〇年代。六〇年五月には、県とともに立地調査を行ない、適地として確認した。六〇年五月といえば、安保条約改訂反対のノロシが燃え、国民運動が全国各地からうねりとなって国会に押し寄せていたときである。

立地が内定し、福島県庁を訪ねた木川田一隆東電社長（当時）は、知事室に入るなり開口一番、「きみィ、浜通りは、共産党の勢力は大丈夫だろうね」と念を押したという（元秘書課員の話）。よほど、共産党の動向が気がかりであったようだ。木川田社長は、地元町議会から誘致促進の声をあげさせることなど、詳細な〝指示〟を与えるとともに、知事の全面的協力の約束をとりつけて帰った。

六一年九月、大熊町議会が原発誘致促進を決議した。木川田の指示どおりに〝地元からの要望〟に応えて東電が原発を建設するという形が整えられた。

「……原野や田んぼが多い〝チベット地帯〟である双葉地方は、産業開発はおぼつかない。幸い、東電の木川田社長に目をつけていただいた。木川田さんは本県出身でもあり、たいへん好都合だ。日の当たらないところに日を当ててもらい、まったく喜びにたえない。これで住民の生活も向上するし、出稼ぎもしないですむだろう……」

木村守江福島県知事（当時）が「双葉地区原子力開発ビジョン」を発表し、こうブチあげたのは六八年三月である。堤のものになっていた広大な国有地は、三億円に化けて、すでに東電の手に渡っていた。〝長者ヶ原〟は、文字通り、日本最大の〝長者〟のものになった。住民がこれまで見たこともないような巨大なブルドーザーや無数のダンプカー、ミキサーカー、トレーラーが昼夜を分かたず、うなりをあげて町をかけぬけ、土ぼこりを舞いあげ……やがて、福島第一原発が姿を現わした。

六五年、着工と同時に常時五千人、のべ十数万人にのぼる労働者が流れこんできた。新しくバーや寿司屋が建ち、喫茶店、モーテル、民宿、ドライブインなどが激増した。人口八千人にもみたない大熊町が、サービス業の人口比では、全国平均の二倍をはるかにこえていた。

村人たちは、いつからか、戸口にカギをかけるようになった。農家の庭先に、酒やジュース、ラーメンなど、自動販売機のけばけばしい原色が林立した。かやぶきの農家が減り、競うように新建材の家に変わった。乗用車や電気製品、家具、化粧品のセールスマンが忙しく村々を走った。原発建設と村の変貌は、田中角栄内閣の〝日本列島改造〟と、それに続く〝高度経済成長〟と併行して進行した。

「この十年……村は変わっだな。なにより人間のきもつがな……ンだ、変わっだな、やっぱし……原発は、もちろん必要だべ。田ンぼじゃ食ってげねがらな。……げんども、クワ一丁づがんで、畑を拓いできだわしらにとっちゃ、気が気でねぇ。……専業農家は減るし、田ンぼは荒れる一方だぁ。農業が衰えで国が栄えだためしはねぇべした。……だから……原発がきだごどが、えがっだのか悪がったのか……さっぱりわがんね。」双葉町の長老は、口ごもりながら、朴訥《ぼくとつ》に語る。

雲が流れていた。老人が見上げた中空には、幾すじもの送電線が、ゆるやかなたるみを見せて走っていた。両腕を広げて突っ立った人の形にも見える巨大な鉄塔の列。その指先につままれて送電線は、蜘蛛の糸のように、はるかな山の彼方へのびていた。

首くくり

「こどしは、妙な死人がおっ続いたべ。うす気味悪ぐて、やんだなって噂しとるだよ。春には原発で、いくつも首くくりがあっだとか……」

古びた農家の囲炉裏ばた――。そこに一夜の宿を借りた。塩からい菜の漬物をすすめながら、おばあちゃんが、ぼそっと、そういったのだ。

噂の糸は、すぐにたぐれた。原発資材のトラック運転手をしている甥を呼んでくれた。

「ンだな、自殺だ。あれは夜の森の桜まつりの次の朝だったから四月だっぺ。第一原発のなかの資材置場よ。ぶらさがっとった。まんだ若い男よ。ちょうど同じ週、たてつづけに自殺があったんだ。ンで、みんなは『どっかおかしんでねのかい。来週あだり、おめの番だべ』って話してたのッサ。ん。」

思わず私は、ひざを乗り出していた。

遺　書

「九州動力建設株式会社」――山野洋三さんは、この会社の三十二歳になる中堅社員であった。第一原発構内の資材倉庫で首つり自殺している彼が同僚に発見されたのは、一九七九年四月十日午前九時である。警察官が現場にかけつけたが、すでに息絶えていた。検視の結果、死亡は前日の午前三時ごろと推定された。

山野さんは大学を卒業後すぐ同社に入社、浜岡原発（中部電力・静岡県）などをへて福島第一原発へきた。着任七年目のベテラン社員であった。四年前、上司のすすめで地元のH子さんと結婚、住まいは大熊町大野にあり、二人目の子供が生まれたばかりだった。

おりしも福島原発は、二週間前に発生した米スリーマイル島原発事故の余波をうけて、蜂の巣をつついたような騒ぎが渦まいていた。事故は、原子炉災害として最悪の〝炉心溶融〟が懸念される深刻な事態であった。周辺住民に避難命令が発令され、事態を重視したカーター大統領（当時）が現地入りするなど、非常事態を迎えていた。

米国製である日本の全原発も、ただちに運転停止になりかねない。開設したばかりの東電ワシントン事務所から刻々送信されてくるテレックスの情報が、本社から福島原発へも電送されていた。テレビや新聞も連日連夜、たてつづけに事故の推移を報じていた。文字通り、全世界がかたずをのみ、スリーマイル島原発の状況を注視していた。

そのさなかの〝首くくり〟である。はたして彼の死の背景に、なにがあったのか。私は家族や関係者を訪ね歩いたが、決定的な動機や真相をつかむことはできなかった。同僚の一人は、こう述懐した。

「まじめな人だった。最近、体の具合いも悪かったようだ。とくに現場主任になってから苦しんでたな。上からと下からの板ばさみになるからね。作業員のなかにはヤクザも多いから、現場主任は苦労する。おまけに福島原発はよそと比べても汚染がひどくてね。いくら線量くっても（浴びても）ちっとも作業は進まね。工期は容赦なく迫るし、上からは矢の催促だ。おまけにあのころはスリーマイル島事故のあおりを食って、東電の奴ら、殺気立ってたからね。」

死んだ山野さんは、走り書きのメモを残している。妻へあてた遺書であった。

「……目が悪い。頭が悪い。……コンタクトレンズを入れなければならない。

とにかく俺は精神的に疲れた。H子、こども二人をよろしく頼む。原発の仕事は考えもんだ。

四月三日　さようなら。

追伸　ごめんね。もう少し、がんばりたいが、どうも限界だ……」

〝遺書〟は、ここで終わっている。

原発の町

連日の取材のなかで、犯科帳のかなりの事件が鮮明になった。なかには、富岡警察署の犯科帳にも記載されていないものもある。下請け労働者ばかりでなく、東電や元請け企業の社員の事件も少なくない。とくに東大出の東電エリート社員（彼の父親は地元某町議会議長）の全裸自殺事件は目をひくが、その背景はあまりに醜悪で詳述できない。

しかし、すさんでいるのは労働者や社員ばかりではなかった。地域住民のなかにも、さまざまな荒廃が進行していた。地域や家庭のゆがみが、真っ先にあらわれるのが、青少年の非行であろう。それは年ごとに低年齢化し、激増の一途をたどっていた。

「浪江でも女子高生売春／偽装解散の暴走族摘発／暴力団と組んで強要／少女16人補導」（「福島民友」一九七七年八月三十日付）

「青春の暴走城下町に衝撃／問われる大人の責任／若松／お世話になったお礼／あっ旋の12人逮捕／まさかLC会員が」（「福島民友」一九七七年八月二十八日付）

この直前、いわき市でも大がかりな高校生売春が摘発された。その背景には暴力団や暴走族の暗躍があるが、会津若松の場合は、驚くべきことに市教育委員の息子やライオンズクラブの会員、交通指導員らがあっ旋した、という。少女たちを弄《もてあそ》んだのは、会社社長、原発関連業者、建築業、商店主ら多数で、いずれも補導された女生徒たちと同じ年ごろの子をもつ親たちだった、と記事にはある。

この報道以後、同種の目立つ記事はない。現在は、どうなのか。

「当時より、もっとひどいんでないの?」地元のだれに聞いても、同じ答えが返ってくる。浜通りの、ある高校を訪ねた。

「どうやら、この手の犯罪の摘発は報道規制するようになったようです。しかし、新聞に出ようと出まいと、現実は進行しています。ため息の出るような事態ですよ。一歩、校門を出たら、生徒をとりまく現実がひどすぎるんですから。」

小さな寒村に横行する売春――。それは、高校生ばかりでなく、浪江町、大熊町、富岡町では、一部の家庭の主婦の間にもおよんでいた。離婚、蒸発、老人の自殺も年ごとに増えている。

浪江町棚塩のバス停で。

中途退学

福島県立高教組が毎年実施している実態調査がある。県立高校生の中途退学者について調べたものだ。それによると一九八〇年度(昭和五十五年度)の中途退学者の数は約九百人で、七八年以来、連続同レベルが続いている。毎年、九百人の高校生が学業半ばにしてやめてゆく。いいかえれば、中規模高校一校分の生徒が、毎年挫折して勉強を捨てているということだ。

中途退学者を地区別に見てみよう。八〇年もまた、いわき市がトップの位置にある。さらに原発の町の相双地区が、三年間の最高を記録して激増している。退学理由は、「学業不振」「非行」が七割。女子の退学者が激増しており、その理由のほとんどが「性的非行」であることも見過ごせない。

「福島市、会津など他の五地区では、みんな昨年より、わずかですが減ってるんですよね。ところが原発銀座の浜通り、とくに相双地区で二七・二七パーセントも増えているのはショックですね。その背景に、原発建設などによる地域状況の変化、勉学意欲をなくさせる要因、それから家庭のゆがみや崩壊が大きく関わっていると思われますね。」県立高教組の大内秀夫委員長の話である。

八二年四月、同高教組は、この実状を克服しようと「提言」を発表した。行政に対して、大学区制の再検討、小中高教育の一貫性と話し合い、四十人学級の実現、指導上の困難度の高い学校への教職員増などの対策をもとめている。また、教職員や父母にも、教育懇談会など地域ぐるみで子供を守る運動の推進、小中高教員相互の話し合い、基礎学力の重視、学びがいのある学校づくり、女生徒の生き方指導などに協力してとりくもうと呼びかけ、みずから問題解決に乗り出している。

札束攻勢

それにしても、浜通りのような地方の小さな町が、なぜこれほどまでに荒廃するのだろうか。はたして、それは原発の町ゆえの現象なのであろうか。

「非行や離婚、自殺の増加などは、全国の一般的傾向ではありましょう。だけど、それ以上に原発あるがゆえの強力な要因が作用していることは間違いありません。」私の問いに、こうきっぱりと答えたのは、大熊中学校の大和田秀文教諭である。彼はさまざまなデータを示して説明した。

「専業農家の激減、サービス業・土建業の異常な伸び——この地域産業構造の変化にも、すでに答えは出ているでしょう。そして札束攻勢です。電力企業の寄付金のばらまきと国の交付金による自治体のひずみ、渦巻く利権。それから原発労働によるゆがんだ現金収入。農機具や自動車、家の改築などでローンをかかえて借金地獄に陥っている家庭も少なくない。まじめな地味な暮らしや健康な勤労意欲をなくさせる条件がそろいすぎていますよ。このごろは子供に弁当を持たせない親が増えてます。千円札を渡して、パンと牛乳買いな、というわけです。家庭での食生活もそうですよ。こんな農村なのに、インスタントラーメンやカップヌードルの消費量がうなぎのぼりなんです。以前は貧しいなりに親が思いやりをこめて、味つけや栄養を工夫して料理した。子供は、そこに伝統や生活の知恵や母親の優しい心遣いを学んだのです。」

大和田先生は、ひときわ力をこめて続けた。「子供の非行は、たしかに激増しています。しかし私は、それを論じる前に、もっと大がかりで深刻な大人たちの非行や精神の荒廃を問題にしたい。それには教師も含まれます。そのひどさに比べたら、むしろ生徒たちの方が、歯をくいしばって、健気《けなげ》によくがんばっていると私は思うんですよ。」

東電が、福島第二原発着工のために一九七三年七月に調査した「環境に関する調査（産業）」という報告書がある。そのなかには、「大熊・双葉両町（第一原発）においては、第三次産業、とくにサービス業が増加しているので、このような傾向は、富岡・楢葉両町（第二原発）において、今後同様な傾向を示すものと思われる」と記している。それは、第二原発が進行すれば、犯罪や非行、家庭や生活のゆがみが、さらに広がると東電自身が予告していたということである。

「その通りですよ。富岡警察署がまとめたその〝犯罪記録〟が、〝予告〟をみごとに証明しているじゃありませんか。原発ができるということは、つつましい農村の、健康な生活のなかに、対応しきれないほどの異質なものが持ち込まれてくるということです。住民の金銭感覚や生活全般にわたる感覚をも狂わせました。労働観や、価値観までも狂わせてしまうほどに危険なものです。高感度のフィルムのような子供たちが、真っ先にその影響をうけるのは、当然すぎることではないでしょうか。」（大和田先生）

札束攻勢とはなにか。

それは第一に、電力企業による巨額の補償金、寄付金。第二に、国からの各種の交付金制度。第三に、運転開始後、市町村に支払われる固定資産税、核燃料税、事業税など税収、の三つに大別できる。

　東電は漁民や農民に補償金をばらまいただけではない。市町村や老人会、婦人会、青年団にいたるまで、ことあるごとに寄付をした。各公立学校にも種々の名目で大口寄付を繰り返した。学校はまた東電の要請に応え、生徒やＰＴＡの原発見学など、さまざまな東電への協力を組織してきた。公教育が企業や外部団体から財政的独立を貫くことは基本原則であるが、大口寄付をうけいれてしまった瞬間から、教育の中立性は失われた。

建設中の東電福島第二原発

　国からの交付金は、電源三法にもとづいて一九七四年に実現した制度で、「電源立地促進対策交付金」を柱に、地方自治体へのさまざまな補助金、交付金が組まれている。これらは、すべて用途が指定されており、原子力広報車やＰＲ費用なども含まれる。

　また八一年十月からは、原発立地地区と隣接市町村の住民と企業の電気料金を値引きする「電源立地特別交付金」

が新設された。いわば、これらは原発立地を強引にすすめるために、国が国税をばらまくことによって、自治体ぐるみ、地域を丸ごと、ごっそりと買収する制度ともいえる。

これらの交付金によって、たとえば大熊町の財政は一九七〇年の約四億円から、七五年には二十四億円規模へと、六倍にもふくれ上がった。役場は超デラックスな庁舎ビルとなり、冷暖房完備の豪華な小・中学校や体育館、プールなどが建設された。だが、これによって町財政や地域経済は、原発の新立地にともなう一時的な直接効果に依存するという、いびつな奇型状態に陥っている。このため、交付金の時限切れが迫ると、すぐまた新たな原発誘致に食指が動くという悪循環につながっていく。

楢葉町の僧侶で、四倉高校の教諭でもある早川篤雄先生は、いう。

「財政構造が寄生的にゆがんでいるのは、町だって個人生活だって同じでしょう。にわかに金が入ってきて、ひとたびぜいたくな生活に慣れてしまった家庭は、もう元の質素な暮らしや、畑にはいつくばる勤労意欲をとり戻すことは不可能でしょう。たしかに生活様式の変貌は目を見張るばかりです。ワラ屋根の農家なんて、いくらも残っていない。みんなアルミサッシのついた新建材の家ですよ。車のない家は数えるほどでしょう。応接セット、カラーテレビ、ステレオ、ピアノ……。どれも必要に迫られて買うわけじゃないけれど、勢いというものがあって、村中が競って揃えるんだから、無理してでも買わないと、みじめで暮らしていけない気持ちになる。

それでも金がある家はいいですよ。ない家は月賦です。畑はあっても荒れていくか、減っていく一方。必然、家中が現金収入を求めて外へ出ます。カッコいい食卓で、粗末な食事をしている家も多いですね。年寄りが元気でいる家は、まだいいんだ。ちっとも安定していないのに、みせかけだけは都会型の消費経済構造――このなかで暮らしている生徒たちが、価値観を混乱させ、勉学意欲を失うのは、ちっとも不思議ではないと思います。」

被曝労働

「原発の町が、なして荒れとるかって？　おめな、一回炉心サへえってみれ。原発の中なんてな、ありゃ、人間が入って働くとこでねぇべ。」　いきなり、こう力説したのは、五、六人の地元農民を連れて定検作業に従事する吉田直巳さんだ。三十九歳。人出しの〝親方〟である。双葉町の彼の自宅――
「原発の仕事つうのは、普通の作業と全然ちがうんでねの。定検は放射能を浴びることが仕事だべ。ンだ。日当つうのは、被曝賃よ。ンだがら、仕事は土方や百姓に比べりゃ楽なのは当然なんだ。定検を一回やるど、体ぁなまっちまって、土方としては使いものにならねべ。だがら、原発労働者は人間の屑だっていわれる。」　彼はビールで唇をぬらして、言葉をついだ。
「みんなサ、目先の日当もらわなきゃなんねがら、上辺《うわべ》は平気な顔してるげんども、そんなもんでねぇべ。内心は、放射能浴びたこと、すっごく気にしてるべ。胃が痛い、胸が痛いというと、もしや？と腹ン中で思うだ。ンだ、おっがねんだべした、やっぱし。実際、ガンだ、白血病だってくたばってるのが、ごってりいるもんな。ここだけの話――」

　その不安を振り払うように、労働者は毎晩酒を飲まないでおれなくなるという。

　いったい、被曝することが目的の作業などというものが存在するのだろうか。人海作戦による毎年の定検作業が、労働者の被曝を当然の前提として行なわれている現実。彼の話は、その本質に斬りこんでいた。放射線被曝には何のメリットもありはしない。文字通り、百害あって一利なしである。自らの肉体を痛める被曝の代償が日当であるとすれば、売血や、春をひさぐ生業《なりわい》と本質的な差はあるまい。それはもはや労働の退廃以外の何ものでもない。そこに労働の誇りや喜びを見出すことは不可能であろう。実際に彼らは原発の現場では、「兵隊」「特攻隊」「被曝要員」と呼ばれていた。

遠く北海道、九州や関西からきている労働者は、酔うと最後にはきまって家族の話になり、余計に加速して酔いつぶれると、吉田さんはいう。

「地元の男だって同じことだべ。ふでぐされて酔っぱらってるおやじの愚痴。それを眺めでるかかあや子供は、やりきれねべさ。ンだがら、家ン中も町中も、なんか、こう不安定つうか、ンだ、刹那的つうか……」

彼は立て続けにコップをあおった。

職警連

「ああ、これ。職警連の参考資料だべ。よぐ手に入れだな。」

〝犯科帳〟を手にするなり、杉下政二郎さんはそういった。彼は大手建設会社の社員であり、企業にきわめて忠実な人物である。

職警連？

「ンだ。原発に関係してる主《おも》だった企業の寄り合いだ。まあ、防犯会議、情報交換会みたいなもんだな。」

主だった下請け企業の親睦会、情報交換会はこのほかにもあるという。いずれも東電や警察、元請け企業（東芝、日立など）が音頭をとり、取りしきっているという。

「情報伝達ばっかでねぇよ。東電、警察署、労基署の偉いさんの異動のときには餞別の割当て機構にもなる。ひとたび選挙ともなればよ、どえらい威力を見せるだよ。」

国政選挙や地方選挙をはじめ、ときには農協や漁協、ＰＴＡの役員選挙にまで、東電は直接、間接に指示を与えてくるという。下請け、孫請け、ひ孫請けの請負い系列は、そのまま集票機構にも転化する。町長選、県議・町議選ともなれば、東電本社の地域対策室から選挙専門のスタッフがやってきて、情報と情勢分析が行なわれる。系列ごとに下請け企業への票の割当て、有権者名簿にもとづいた個別の対策、共産党・社会党候補への選挙妨害がきめ細かに指示される、と彼はいう。

さらに、東電、東芝、日立、石川島重工などの同盟系労組員は、業務命令で労資一体の選挙運動に駆り立てられる。こうして下請け企業の各種〝親睦会〟は東電にとっては、まさに〝多目的〟ダムのように、さまざまな機能を果たしているわけだ。

「〝所長会〟というのも、ばかにならない存在ですよ。」

警察署長をはじめ、町長、助役、町議会議長、消防署長、商工会議所長、駅長、労働基準監督署長、病院長、そして発電所長――。およそ〝長〟と肩書きがつく地域有力者の懇親会だが、ここでの情報交換、意志伝達も、東電の地域支配にとっては重要な役割を果たしているようだ。

ときには、各部落の区長、婦人会長、青年団長、老人会長からＰＴＡ会長までが〝遠隔操作〟の対象に入れられる、と杉下さんはいう。彼によれば、一九七九年以来、富岡警察署には県警から「警備隊富岡地区小隊」という一群の機動隊が配備されたとのこと。名目は、国道六号線の交通事故多発対策となっているが、じつは、原発周辺の治安警備のためであることは、公然の秘密になっている。

東電福島第一原発には、元相馬警察署長が新設された防護管理担当次長におさまっていた。原発や関連企業への元警察官の〝天下り〟はほかにも目立っている。

TCIA

「福島の現地では、口の悪い連中がうちの職員のことをTCIAと呼ぶそうです。」こう教えてくれたのは、東電の都内営業所のある課長である。

「なにかの参考にどうぞ。ただしマル秘文書というほどのものじゃない。現地の職員なら知っているものですが。」

彼の手に二種のコピーがあった。一通の表題は「地域情報連絡会議内規」とある。

「目的　第一条　この内規は、当所周辺地域社会の動静、地域住民の意識要望等を把握、分析し、当所の運営の地域社会への定着化に役立てるとともに、当社の経営姿勢に対する地域住民の理解を深めるために、地域社会に関連する各種情報の収集・意見交換等を行うことを目的として『地域情報連絡会議』を設置する。

任務　第二条　『会議』は上記目的を達成するため、次を任務とする。

①地域社会に関する情報の早期収集

②収集した情報の交換
③地域諸行事間の調整
④その他、必要事項」
もう一通のコピーは小冊子であり、次のような内容だ。見出しを拾うと――「広く地域にアンテナを」「みんなで地元の動きを集めよう」「情報化時代に即応した発電所運営のために新しく地域情報センターを設置しました」「所員一人ひとりが情報提供者です」。

いったい、どんな情報を集めるのか。

「①地域社会の動き。自治会・ＰＴＡ等、地域団体の人事・行事・活動状況など。および広報紙の入手。道路、交通、上下水道、港湾開発に関するもの。およびそれに関連した地元の動き。
②当社・当所に対する地域の動き。自治体、官公署を含めた各機関の動き。地域住民の当社・当所に対する意見・要望等。とくに公害問題、サービスなど重要課題に関するもの。
③近隣企業、同社宅の動き。
④その他、当社に関連があると思われる印刷物・写真など……」
私の体を細かな震えにも似た戦慄が走った。社員に対して、地域住民の一部始終を詳細にスパイせよという東電の指示文書であった。

「国会ででも問題にすべきじゃありませんか。」私の問いには彼は苦笑で答えた。その表情には当惑と軽蔑が入り混じっていた。電力企業の現場のすさまじい現実を知らない記者への非難でもあったろうか。

スパイ強要事件

取材をすすめるなかで、ひとつの事件に突き当たった。富岡署夜の森派出所の警察官による一共産党員へのスパイ強要事件である。共産党富岡支部の穴田敏雄代表（当時、富岡町議）は、一九八一年一月二十五日付で渋谷武夫富岡署長に抗議の申入書を提出している。

それによれば、夜の森派出所の荒沢勝己巡査が、八〇年九月ひらかれた交通安全協会の会合の席上、共産党員の安藤桂市氏に酒を勧めた。

「車できてるので、きょうはだめだ。」

「俺が大目に見るから飲んでいけ。」

断る安藤氏に荒沢巡査は、執拗に飲酒を勧めた。安藤氏は、やむなく一杯だけ飲んだ。ところが翌朝、荒沢巡査は安藤氏の仕事先に現われ、「お前は飲酒運転だ。免許証をとりあげ、逮捕せにゃならん。大体、昨夜の態度はけしからん」と恫喝した。

「あれが飲酒運転なら、あんたも同罪だ。それに飲んでから、何時間経っているか。」安藤氏は反論した。

富岡署が安藤氏に狙いをつけてきたのは、これが初めてではない。同巡査は、すでにその年の六月ごろから安藤氏を尾行していた。「丸善石材に車を置いてどこへ行ったのか」「××宅へ何しにいったのか」などと聞いたり、安藤宅を訪れて、「共産党に入ったんだってなあ」「みんな、お前のこと、アカだといってるぞ」と脅したこともあった。あげくは「情報を提供すればかんべんしてやる」とすごんでみせた。

このほかにも富岡署員は、「赤旗」読者の家にいやがらせをしたり、「戸籍調べだ」と称して真夜中に住民の家に上がりこむことも、しばしばあるという。

安藤氏へのスパイ強要工作をしたのは、荒沢巡査だけではない。同署の田村栄巡査も、「共産党の話を聞かせてくれ」「大熊町の選挙事務所にも顔を出してこいや」と連日つきまとった。

八〇年三月の町議選で穴田敏雄町議は落選。これで富岡町議会に革新町議は一人もいなくなってしまった。東電の作戦は、着々と効を奏しているというべきか。

地域対策室

年が改まって、私は関西電力のある幹部職員と会っていた。

「なるほどＴＣＩＡね。けど、企業活動を支障なく維持しよう思うたら当然ですやろ。現にうちだって……」そういいかけて、彼はあたりを見回し、声をひそめた。そこは大阪駅に近い、あるホテルの喫茶室であった。ここからは関電本社も遠くない。

「……本社ビルの十一階に特別の一角がありましてな。総合地域対策室といいまして、社長が直轄している特別の課です。いうたら、原発立地地域の住民の情報収集室ですな。どこの電力会社にもあるわけでして。」

〝ＫＣＩＡ〟〝関西中央情報局〟――そんなイメージが頭に浮かぶ。地域対策室のデータは正確で、地域や住民一人ひとり詳細な情報がファイルされ、コンピュータ管理されているという。それらの情報は、どうやって集められてくるのだろうか。

「いろいろですけど、大きくいうて何本かのルートがありますな。ひとつは警察。それから自治体。もうひとつは企業独自のパイプです。それらが合わさって正確な情報網ができあがっとるんですわ。」

企業独自のパイプはさまざまあって、自民、民社、公明など政党ルート、同盟など労組ルート、系列や下請けなど産業ルート、市町村議会の議員ルート、さらに区長会など町内会ルートなど複雑だという。

「漁協や農協、部落会なんかには、必ず複数で〝関電協力員〟いうのが作ってある。それがだれかはわからんようになってますが、寄合いなんかあると、その夜のうちに、だれが何をいうたかわかりますわ。けどね。原子力という国策をになう企業としては、そのくらいはやむをえんのやないかと私は思います。」声を落とした彼の話は、私の耳に強烈に響いた。

人脈マップ

一九七八年四月三日付の「日本経済新聞」に興味ある記事がある。東北電力が広告会社に委託した山形県での住民調査についての報道である。

「酒田火力発電所建設計画が公開される一年前ごろから、県の開発局長、電力会社の担当重役、地元紙の幹部などをメンバーとする極秘のプロジェクトチームが作られ、対象地域の〝人脈マップ〟作りと、住民の意識調査に乗り出した。人脈地図は、各政党の構成員や支持者をはじめ、漁協、農協、商店街、ＰＴＡなどの役員や愛鳥の会、お花、編みもののグループといった趣味の団体の人間関係まで網羅した。

住民の意識調査は、電力会社の料金集金人と、テレビの視聴率調査という名目で調査会社が行ない、絶対賛成から絶対反対まで、五つのグループにわけた……」

七八年の段階で、火力発電所建設をめぐってさえ、こんな状態であった。ましてや原発の場合は、どうであろうか。

「そんなもん、日本中どこでも、とっくの昔からやってまんがな。」

さきの関電幹部職員は、こともなげにいってのけた。ふと、以前に読んだ記事が思い出された。

「国策の原子力開発に反対する奴は、犯罪人扱いする位の、国家安全保障意識があってもいい。」
（「電気新聞」一九七九年八月二十五日付）

〝国策〟の推進者たちが描いている青写真には、すでに国民の思いも及ばないヴィジョンや未来図が描かれているのではあるまいか。私はそれを考え続けた――。

三菱総研

大判の部厚い資料を入手した。

「相双エネルギー地域振興ビジョン策定調査報告書　昭和54年（一九七九年）10月　三菱総合研究所」――灰色の表紙には、そう印刷されている。〝はしがき〟にいわく。

「高度成長から安定成長へ移行した現在、これに伴って必要とされる新たな地域社会のビジョンが求められている。

……昭和四十一年（一九六六年）から始まった原子力を中心とした発電所の建設は、当地域を振興させるインパクトとして、大きな期待をもって迎えられたものであり、現在この地域を、わが国最大の電源地帯へと変貌させてきている。これらは、財政・雇用面などを通じて地域に与えた影響は少なからぬものがある。

地域の振興を考えるとき、地域が自律的な成長軌道にのるには、一定の加速度が必要であるといわれる。その意味で、電源立地に伴う各種の影響は、そのための〝初速〟として位置づけることができる。……次の〝第二速〟が必要とされている。

……本報告書（『エネルギー地域定住圏』ビジョン）は、相双地域の将来構想であると同時に、エネルギーを基盤にした地域振興のモデルでもある。本報告書は、相双地域振興の道標とされると共に、わが国の電源立地振興の素材としても役立つことを期待する……」

資料は、いわき市から「中核工業地帯開発」をうたう相馬市まで、つまり〝浜通り〟全体の開発の青写真であった。

三菱総研の構想は、仙台通産局と産業構造審議会東北地域産業分科会が発表した「80年代の東北地域産業ビジョン――世界のなかの豊かなふるさと東北へ向けての確かな歩み」にうけつがれている。福島県は、三菱総研の音頭にあわせて、浜通りに寸分たがわぬ「総合開発」を展開している。

この「報告書」を作製したのは株式会社三菱総研であり、その策定過程で検討審議に加わった「相双エネルギー地域振興ビジョン策定研究会議」のメンバーとは、武井満男・日本エネルギー経済研究所研究理事、小川洋・電力中央研究所原子力発電研究総合本部副本部長、今野修平・国土庁計画調整局計画官をはじめ、あと地元自治体の幹部である。

「報告書」は、多方面にわたる統計を分析したあと、〝めざすべき将来像〟の〝導入業種〟をこう結論づけている。

「……以上のような分析結果から、相双地域における臨海性工業の導業種としては、
・火力発電、石油精製をひとつの柱として食糧備蓄、食品工業をもうひとつの柱とする短期的立地パターン又は、
・火力発電、LNG備蓄をひとつの柱とし、冷熱産業をもうひとつの柱とする長期的立地パターンといった、いずれにしても火力発電所を中心として立地パターンが考えられ、これに食品備蓄、食品工業、石油備蓄、冷熱産業を組みあわせることが適していると思われる。」

不夜城

列車は東京に向かっていた。窓の外は暗い。すでに九時になろうとしていた。満員の乗客は、疲れて大半が眠っていた。

「電源の切り換えのため車内が一時暗くなります……」遠慮がちな車内アナウンス。東京電力の配電

区域に入ると、車窓の外はにわかに明るくなる。都市部に突入したのである。千葉から東京に至ると、明るさはさらに増し、街々はさん然と輝やいていた。車窓を後方へ流れる光の帯を見ながら、私はテレビのコマーシャルを想い浮かべた。

暮れなずむ下町の露地——。電柱や看板やしもたやが軒を並べた町角。そば屋が自転車をとめ、道をきく人に何やら教える。庶民があいさつを交わして往きかう風景……。着流しの滝田ゆうが電柱を見上げていう。「電柱ってがんばってるなぁ、いろいろと。」

画面は、滝田の描く下町の絵に変わる。電柱の裸電球の街灯がともり、露地を照らし出す。


♪ぼくは三丁目の電柱です／雨の日　風の日　町角にたち／通りを見てます　眺めてます／夕焼お空は　いわし雲／ぼくの背中に　一番星がでた／ちっちゃな　女の子が　信号渡ります／そろそろ　灯りを　つけましょね／ぼくは三丁目の電柱です。


東京電力が流すCMである。滝田の絵は、下町の夕暮れの匂いや悲しさまで伝えてくる。町角を包みこむ夕闇に、ぱっと暖い光を投げる電灯の光——〝みなさんの東京電力〟というわけだ。

「電気なしには一日も暮らせないよ。」「今夜も、あなたの家に、ちゃんと電気を送り届けているのが東京電力ですぞ。」

CMのどこにも出てこないが、下町の電柱のその陰には、有無をいわさぬ迫力をただよわせて「原発」がひそんでいるように思える。

「電力がなくなってもよいのか」「原発なしには、豊かな暮らしはないんだよ」「エネルギー危機の時代なんだ。わかってるんだろうね」――あのCMの絵の向こう側から、そんな声が聞えてくる。

気がつくと、列車は終着駅「上野」に着いていた。

ビルが林立する大都会は、不夜城のようにまばゆく照り輝いていた――。

神隠しの池

「原子炉は……三重のオリで防備、保護されており（第一のオリは水、第二のオリは緊急冷却装置、第三のオリは、これらを覆う格納庫）、三つのオリが同時にこわれることは一千万年に一度ぐらいしか起こらない。
他の社会現象（例えば飛行機事故）とくらべ、原子炉の方が遙かに安全性が高い。」
板倉哲郎博士、同盟会議エネルギー研究集会での講演
（東電労組機関紙「同志の礎」八八七号）

「原子力発電に対する世論調査によると、必要性を認める人は、ほとんどの調査で六割を超える。だが、その人たちも原子力の『安全性』については皆、不安感をもっている。わからないから不安であり、つまり原子力の安全性というのは、大衆にとって、永遠のブラックボックスということになろうか。

……核燃料はウランを焼き固めて『ペレット』にし、それが『金属チューブ』の中に密封されている。その外側を『原子炉容器』と呼ばれる大きく頑丈な鋼鉄の容器で包み、さらにその外側を厚いコンクリートの『遮へい壁』が外部と遮断している。

死の灰が、これらのあらゆる防壁を突き抜けて、外部にばらまかれることなど考えられない。なぜならそのような状態になる前に、あらゆるものに、考えられる限り取り付けられた安全の見張り番である測定器が、ちょっとでも異常を探知すると、原子炉は自動的に止まるように作られているからだ。原子力発電所が二重、三重の安全性確保がなされているといわれるのは、こういうことなのである……」竹村健一氏（「私も原子力が怖かった」）

「……今後の増大する電力需要を将来にわたってまかなっていくためには、原子力発電を中心にした政策が妥当であることは言うまでもありません。
従って、今後も原子力発電の推進を積極的に進める立場を堅持していくべきだと考えていますが、当面するわれわれの取り組みは二つあります。
その一つは、原子力発電の安全性をさらに高めていくための取り組みであります。米国のＴＭＩ原発事故の影響によって、原子力発電の推進は、大幅な停滞を余儀なくされる様相を強めていますが、事故の一部始終のほとんどが明らかになったいま、私は、わが国の原子力発電の安全性について、むしろ確信を強めていますし、今後にむけては一段と高まっていくと思います。」

橋本孝一郎電力労連会長の定時大会でのあいさつ（電力労連機関紙七七三号）

「原子力開発が急務。原子力発電の大事故一億四千万年に一度の危険。」（見出し）

「……いま、原子力発電の安全性が問われている。われわれは『絶対』安全とか、事故ゼロとはいわない。統計的に見ても、世界に四百基位の原子力発電所があるが、人が死んだという事故は一度もない。統計的に、どの位の安全性かということはいえないが、学者の計算によると、一億四千万年に一回ぐらい大事故が起こるのではないか、といわれている。」

堺屋太一氏（電力労連機関紙六九四号より）

伝説

福井県・敦賀湾の西海岸、明神崎に猪之ヶ池という沼がある。地元の人たちは、この沼を「神隠しの池」と呼び伝え、いまでも「大蛇が棲む」と怖れている。沼は、日本原子力発電会社敦賀発電所の敷地である山林のなかにあり、広さ約六万五千平方メートルと、かなり大きい。

むかし、猪之助という漁師が、付近の谷川でとった赤いウロコの魚を食べた。たいへんうまかったが、食後にわかにひどい喉の渇きを覚え、沼の水を飲みにいったが、猪之助はそのまま消えてしまったという。祟りを恐れた村人たちが建てたという猪之助の墓石は、沼のほとりに、いまも姿をとどめている。すぐ傍《かたわら》には、八王竜王の祠《ほこら》もある。日本原子力発電会社は、敦賀原発を着工するにあたって、この祠を建て、神主を招いておはらいをした。

沼に険しく迫る北側の山に立って見おろすと、深く濃い緑色に静まりかえった沼の面《おもて》は、たしかに、いまにも人を引きこんでいきそうな魔力を秘めている。海岸線とは、わずか二、三十メートルしか離れていないが、沼はなぜか淡水で、年中水位が変わらず、魚はまったく棲息していないといわれる。

「猪之助池のせいかどうか――まさかそんなこともないとは思うけどな。敦賀原発では、ふっと人が消えてまうことが、時どきあるのや……」

下請け労働者の三木康信（五十二歳）が、そういった。敦賀原発構内のプレハブ製の業者詰所。昼食のあとのひとときだった。仲間から〝ミキちゃん〟と愛称される彼は、青年時代は僧侶だったという。第一関節から絶ちきれた右手の小指に、彼の前半生が顔をのぞかせている。

「あれはもう七、八年も前になるかいな。……原子炉のな、底の水たまりに落ちた奴がおったんや。えらいこっちゃがな。大騒ぎして引きあげはしたものの、傍へ近寄ることもでけへんわ。まして管理区域の外へ運び出すわけにはいかん。生きながらの放射性廃棄物やがな。」

〝ミキちゃん〟の話に、周囲の仲間たちも寄ってきた。みんな、怯《おび》えた表情で話の先をうながした。

「そいで……どないなったんや？　そいつは。」

「さ、それや。たしか次の日の黄昏《たそがれ》どきにな。一台のヘリコプターが発電所から舞い上がったそうや。」

「どういうこっちゃ……それは……」

「そのヘリはな、黒いドラム缶をワイヤで吊り下げとったらしい。」

「中身はなんや。」「入っとるんか？　炉底に落ちた人間……」

「さて、それは誰にもわからん。とにかく重そうなドラム缶をぶら下げたヘリの黒い影は、そのまま山の向こうへ消えてしもうたと。」

「男は、ど、どないなったんや。」

「それきりや。以来、男の姿を見た者は、だぁれもおらん。いまでは、噂も絶えてもた。」

全国どこの原発を訪ねても、似たような〝怪談〟が労働者のあいだでささやかれている。真偽のほどは確かめようもないが、なんとも不気味な現実感を帯びて語られている。いわば、原発にまつわる〝現代の伝説〟とでもいえようか。聞き入る労働者たちの表情に怯えが走る。元僧侶だった〝ミキちゃん〟の話術の巧みさだけによるものではあるまい。ひょっとすると……、あるいはあれが……、という心当たりが、それぞれの労働者の記憶の奥にあるからである。

魔除け

「うちの会社の連中は、定検にいくときはコンニャクを大量に食らうねン。なんでも、コンニャクは体ン中の放射能を吸収してくれるらしいな。」下請け労働者の間では、大まじめな表情で、こんなことが語られる。地方によっては、牛乳がよい、いや、ヨーグルトが効果的だ、オボロ昆布が効くらしいと、それぞれに〝魔除け〟の食品を持っていた。むろん、科学的にはなんの根拠もない一種の気安めである。〝ミキちゃん〟の場合、放射能除けの御神体はアルコールだった。

「孫請けの社長がな、『ビールの泡が放射能を吸いよるのや』いうて、作業にかかるまえに、よう飲ましよった。残念ながら最近は、あんまりそういうことはいわんな。わし、思うのやが、山の上から放射能ガスを吐き出す煙突な。あの狭いトンネルの除染。皆、いやがるのや。埃がすごいでな。それに冬は、キンタマが縮むほどすごい冷えこみや。その景気づけに、あんなこと、いうたんかな。その証拠に、『ビールが放射能除けに効くなら、ウィスキーでも効く道理や』いうてな、作業にかかるまえにダルマを回し飲みしたもんや。ちょうど、トンネルのてっぺんへ着くころにはできあがってもうて、へべれけの奴もいた。」

放射能の〝魔除け〟の霊験は、さぞやあらたかであったことだろう。

深夜の艀《はしけ》

「ぼくと同期に入社したQの話なんですが……」こう話を切り出したのは、福島第一原発に働く日立プラントの社員・吉水洋一郎氏だ。

「Qはときどき、夕方になって出勤してくるんでね、『いまごろどした?』ときくと口ごもってましてね。おかしな奴だと思ってたら、何日かしたら訪ねてきましてね、『俺、会社辞めようかと思う』といい出した。わけを尋ねてみたら……」

各原発には放射性廃棄物ドラム缶が増えつづけている（写真は敦賀原発）

　Qが吉水氏に打ち明けた話は、次のようなものだった。日立プラントには〝特殊作業班勤務〟というのがあり、社内でも極秘になっている。Qは、その班に編成されていて、週二、三回、〝特殊作業〟につく。深夜、福島原発の船付き場に艀《はしけ》を付け、数十本のドラム缶を積みこんで数十キロ沖に出る。暗闇の海の中へ積荷を投げ棄てて帰ってくるのだという。ドラム缶はやたらと重く、一人ではビクともしないという。

リフトを使って積みこむのだが、なかには腐蝕したドラム缶もあり、どろりとした内容物がはみ出しているものもある。

「鼻をつままれても判ンないような闇の中。星屑と夜光虫だけがやたらと光っている。ふと、このドラム缶の中に人間でも入ってるんじゃないか、と思うと、ゾォっとしてくる。俺、つくづくやんなっちゃったよ、こんな仕事……」

以上が、Qの訴えだった。その後、Qは埼玉県の工場へ出向になり、以来、音沙汰はない。

技術の日立

総合電機のトップメーカー・日立製作所は、売上高一兆七千億円（一九七九年）、全国二十七工場、従業員七万人を誇る巨大企業である。日立が生み出す製品は、重電、家電、通信・電子、産業機械、プラントまで約二万種。〝技術の日立〟〝蛍光灯からエレクトロニクス、原子力まで〟を豪語している。三菱、東芝と並ぶモンスター企業である。

国鉄常磐線の車窓からみる茨城県日立市の光景は、文字通り〝城下町〟そのものだ。交通、食品、運輸、住宅、建設、スーパーに至るまで、町のどこをみても、日立の資本の息がかからぬものはない。住民は、市名と企業名とを区別するためか日立製作所を「ニッセイ」と呼んでいた。日立電線、日立金属、日立化成工業の〝御三家〟に加え、日立家販、日立マクセル、日立クレジットを筆頭に、系列会社は国内で百社以上、日立製作所から見て孫会社に当たる企業を含めると、実に五百社をこえる。

日立市は、その総本山である。国鉄は日立の工場の中を走り、市民は企業の庭先に群がって住んでいた。

「ニッセイの社員はね、いま戦々兢々としてるんです。課長から『○○君、ちょっと』と声がかかると〝ついに来たか〟と観念する。原発に出向してくれという内示だからです。」

狭い2DKの社宅。日立製作所の五人の社員が集まっていた。六畳の部屋はいっぱいだ。Hさん（三十一歳、溶接）が口火をきった。この家のあるじである。

「もともとはね、日立プラントとかエンジニアリングとか、原子力関係の子会社や臨時の日雇いの仕事だったんスよ、原発の定検なんてのは。ところが、七七年一月から、本社の従業員をつぎつぎ出向させるようになってきた。」

日立は、東芝電機と競いながら、米GE社の沸騰水型軽水炉を電力会社に納入してきた。東海二号機、福島第一原発四号機、島根原発など、日立がすえつけた原発は数多い。

「会社は〝日立の技術がGEをリードしてる〟なんていうけれど、実際は故障ばっかりなんだ。定検はもちろん、原発が停まるたびに、本社から出かけていっては、やれ修理だ、やれ部品交換だと仕事が猛烈に増えた。だけど、放射能だからね。人海戦術でかかっても、いっこうにはかどらね。工期は間に合わねえしするもんで、会社は社員に大号令かけたってわけスよ。」

一回の定検ごとに、千人から千五百人程度の〝白羽の矢〟が立った。

赤紙

Ｈ氏も島根原発へ出向した一人であった。

「いやなら断ればいいだろうと人はいうが、そんな甘いもんじゃないんスよ、会社勤めってのは。」

出向は業務命令である。「いやなら辞《や》めてもらおう」という恫喝《どうかつ》が背後にあった。

Ｆ氏（四十歳、製缶）も、福島、浜岡、敦賀など各原発への出向経験者である。

「突然、いついつ出張してくれ、といい出すからね。ひどいときは前日ですよ。『明朝発《た》ってくれ。要領は、ここに書いてある』。いやも応もない。乗る列車の時間、現地到着後の手順まで、全部きまっちゃってんだから。」

職場では、出向命令を〝赤紙〟と呼び、出向逃《のが》れに仮病《け》を使うことを〝徴兵忌避〟と呼ぶ。憤懣の遣り場がない労働者の精いっぱいの抵抗だろうか。

「指定された病院にいかなかったり、腹痛おこして休んだり。みんな、いろいろ知恵しぼってるよ。前夜に醤油やウィスキーをがぶ飲みすると尿検査に異常が出るとか、けっこう、経験交流やってるが……」

実際、目薬を飲んだ労働者もいたし、大量の下剤を飲んでふらふらになった人もいた。

「しかし、ま、だいたい無駄だね。」

「会社や産業医の方も心得たもんでサ、突然『いまから時間やっから、検査にいってこい』と不意打ちをかけやがる。」

O氏（二十九歳、原料部）が島根に出向いたときは、妻に一枚のメモを書き置いて出た。

「『行ってくっかんな』――急だったから、それだけッスよ。汽車ン なかで仲間に『そんなことやってると、女房きっと浮気するゾ』って脅かされたけど。やりきれないね、まったく。」

「でもサ、不公平なんだよ。定検やるなら、全員が交替で平等にいくようにしろって声は強いよ。職制ににらまれている奴は、みな、やられてるね」とU氏（三十歳、製缶）がいう。

「しかし、アカ（共産党員とその同調者）は敬遠してるようだな、どうも。原発を見せたくないんだろうな。」

「業務命令に不満をもって抵抗しようとする者は『アカだ』といわれて、しめ出されてるべ。けっきょく、みんなあきらめ顔で、『どうも指名が片寄ってる』『いっそ特定の人にいってもらったら』『まあ、一回は行かなきゃ、仕様あんめえ』って具合で……、けんかになんないだよ。」

U氏がとり出したのは、一九七九年度の「敦賀原発定検改造作業出張マニュアル」とあった。出張作番（作業により暗号番号が異なる）。日立定検事務所体制。通常勤務時間。放射線管理。出発時間および道順。通勤、宿舎、入門手続。携帯品リスト……。こと細かに記されている。

「これが〝赤紙〟ですよ。途中の列車やタクシーの中では、原発のことはいっさい話すな、とか、こまごまとうるさいことです。」

現地の作業

現地では、出向社員たちは、どのような作業をするのだろうか。

「もう、千差万別。いろいろですよ。初めのころは、『下請け作業員の監督やってくれ。見張りだけだから』なんて言ってたけど、いってみたら、なんのなんの……」

「火力発電の出向は、日立からは〝作業指導員〟としていくんですよ。ところが原発は、人海作戦の要員を日立が提供してるんだね。会社の態度みてると、メーカーとして誠意を見せたい、東芝に負けたくないというのが、ありありと見える。そのためには、社員に被曝させるのは当たり前って感じ。」

「実際、福島では、日立でなくGEが造った炉なのに、俺たちを入れたもんね。ぶうぶう文句が出て、さすが労組も経営審議会で申し入れたようだが、会社は『たとえGEの仕事でも、BWR（沸騰水型軽水炉）グループとして援助せねばならん。日立のシェアアップのためにも必要』といなされた。」

「仕事っても、原子炉格納容器の床拭きだ。放射能はたいしたことないという話だったが、一ヵ月で五レム浴びたんだ。」

「敦賀でいっしょに仕事した日立圧延のK君は、苦しくなって全面マスクを外したために、ホールボディが八万（カウント）とかで大騒ぎした。」

「私は給水加熱器の中へ入った。蒸気が立ちこめていて危険だね、とても人間がもぐりこむ場所じゃない。二十ミリの鋼板なのに、放射性蒸気で侵蝕がひどかった。」

「俺はＣＩＶ（複合中間阻止弁）のマンホールから直径一メートルもないパイプの中に入りこんだ。途中から斜めに立ち上がってる。猛烈な汚染でサ。あんなことやんなきゃ、原発って動かないのかね。」

「タービン本体のスケールの中に入って、酸化被覆をグラインダーで削ったんだが、ものすごい粉塵が舞い上がる。あれじゃ大量被曝しない方がおかしいよな。」

安全基準

日立のつくった「社外秘」安全基準書によれば、原子力発電所への出向社員の作業は、第一種から第三種まで、被曝量で三段階に区別されている。

第一種は、全身一日〇・一レム、週〇・三レム、三ヵ月一レム程度の作業。第二種は、全身一日〇・三レム、週一レム。第三種は、法定許容線量を限度として、作業に応じて無制限。（日立は、年四レムという）

「実際は、第三種作業がほとんどだからね。労組は『法が年五レムを許容量としているのに、会社はさらに下をとって年四レムとしているから安全だ』というが、これはひどいよな。」

「出向前の事前教育のとき、それを質問した人がいたよ。『放射線は浴びないにこしたことはないわけだから、許容量までなら心配ないというのはおかしんでねのかい?』ってね。最後は課長が、『会社に協力してもらえない人は辞めてもらうしかない』と切り返したね。」

「それでも『奇型児が生まれるって話だが』と聞いた奴もいたな。課長は『絶対大丈夫だ。安心しろ。

俺の息子も五体満足で、昨夜も母ちゃんをのけぞらせた』と笑わせてたが。」

「あんとき、泣きそうな顔で、『やっぱり行きたくない。なんとか行かなくてもよいようにとりはからってくれ』って、若いのが泣きついたろ。」

「うん。課長の回答がふるってたよ。『みなさんを選んだのは私でなく、みなさんが信頼している部長なんだから、やっぱり本人が了解しているとみなします』といってたな。」

「俺なんか、一種だからって話で出かけたが、いってみたらちがうもんね。『一日一〇〇ミリの作業目標は昔のことで、いまは一日三〇〇ミリが普通だ。これまでのように八〇ミリのアラームメーターでは短時間すぎるから、作業を急いで転んだりしてかえって危険だ』といいやがった。」

労働者は、ことごとく原発作業を嫌っているのだろうか。

「ま、八割はいやがってるね。それで出世が約束されてるとか、よほどの何かがない限りはね。」

「でも、町工場へ出向してたオッチャンいたじゃない。あの人いってたよ。『町工場の厳しさに比べりゃ、原発は楽でいい。遊んでるようなもんだ』って。」

「放射能ってものを知らないからさ。むろん原発以外の出向先もひどいけどサ。」

「いや、みんな放射能は恐いさ。現実に大量被曝者も出てるしね。でも、考えてみると不安でいたたまれなくなるからね、『会社が大丈夫といってるから大丈夫だ』と、自分にいいきかせて、考えないようにしてるのさ。」

「実際、あの宇宙服みたいな赤い防護服着て、エアラインスーツ（酸素を送り込む管でつながった全面マスク）つけて、サル梯子《ばしご》つたって炉心へ降りてごらんよ。俺、原子炉に冷却水を注入するノズルを、ステンレス製のものと交換するために入ったんだけど、すごい放射能でサ、鉛の盾《たて》を前に立てて、首と腕だけ出して熔接したよ。もう暑くてな……。五分ぐらいで二〇〇ミリ浴びちゃったもんね。」

「あれは恐しいよ。ぼくも、福島でＣＲＤ（制御棒駆動装置）のネジ締めをやったけど、頭の上から熱い湯が、ぽたぽた落ちてくる。アラームが鳴ってるのに、テレビで作業状況を見ている班長が、上から怒鳴るんだ。『もう一息だから、一区切りやっちまえ！』

そんなこといったって、息苦しいわ、暑いわで、ぶっ倒れちゃった。監督が驚いて上から呼んでるが、頭はがんがんするし、マスクのガラスは曇って、サル梯子がどこにあるのかわかんないもんね。それなのに足場板の下の黒い水は見える。ああ、ここへ落ちたら、おだぶつだって……」

社員たちの話はつづく――。

窓際のドッとちゃん

「原発へ定検出張で出るようになってから胃腸病や神経症がふえたよな。」

「うん。とくに目立つのが、〝窓際族〟の深刻さよ。定検へやられるのは〝出向〟か〝窓際〟の前ぶれだからよ。それで、みんなショックうけてどっと寝こんじまう。」

「まさに〝窓際のドッとちゃん〟だよ、うちの社員は。」

話を聞いているうちに、ふと思い当たった。大企業の社員の実態と、日雇いの〝ジプシー〟の実態とは、基本において大差がないではないか。いったい、原発へ出向する社員には、どれほどの特別手当がつくのだろうか。

日立では、出張旅費規定は宿泊費六千五百円、出張手当が千五百円、計八千円である。原発定検の場合は、「特別賃率」として、一工数につき、四つのランクがある。一日当たりC級百五十円、B級三百三十円、A級四百四十円、特A級五百五十円。作業被曝量の差によって「特別賃率」が変わるわけだ。それにしても、わずかにこれだけか？　もしそうなら、手取りだけでみる限り〝ジプシー〟よりも、待遇は悪いではないか。

「前にもあとにも、これぽっきりです。日雇いの条件は知りませんが、日立の場合、出張したら確実に足が出ますよ。」

下請け作業員の場合は、一日平均八千円の〝出面《でづら》〟（日当）のほかに、交通費、宿泊費、食費は雇用者負担である。

「ま、その代わりぼくら、一ヵ月以上、被曝作業するということはないけれど、どっちがましかといわれると、考えちゃうなあ。」

「下請け作業員は、自分の意志で働いてるわけだ。いやだったら断れるわけだろう。俺たちのは、選択の自由なんて、かけらもありゃしない。ご指名がかかったら、黙って従うしかないわけだ。白羽の矢が立ったら、あきらめて人身御供《ひとみごくう》よな。」

「出稼ぎのおっちゃんなんか、アラームをぴーぴー鳴らしながら炉心から出てくるもんね。頭が下がるというか、相当なもんスよ。」

「出稼ぎの作業員のなかには、知識も技術もまったくない人が多いね。『ボルトとってくれ』というと、オッサン、おっとりして『ボルトって何だべが？』とききかえしたよ。」

「わしら技術屋ってな、悲しい習性があってね。危険だってわかっていても、仕事に立ち向かっちょ

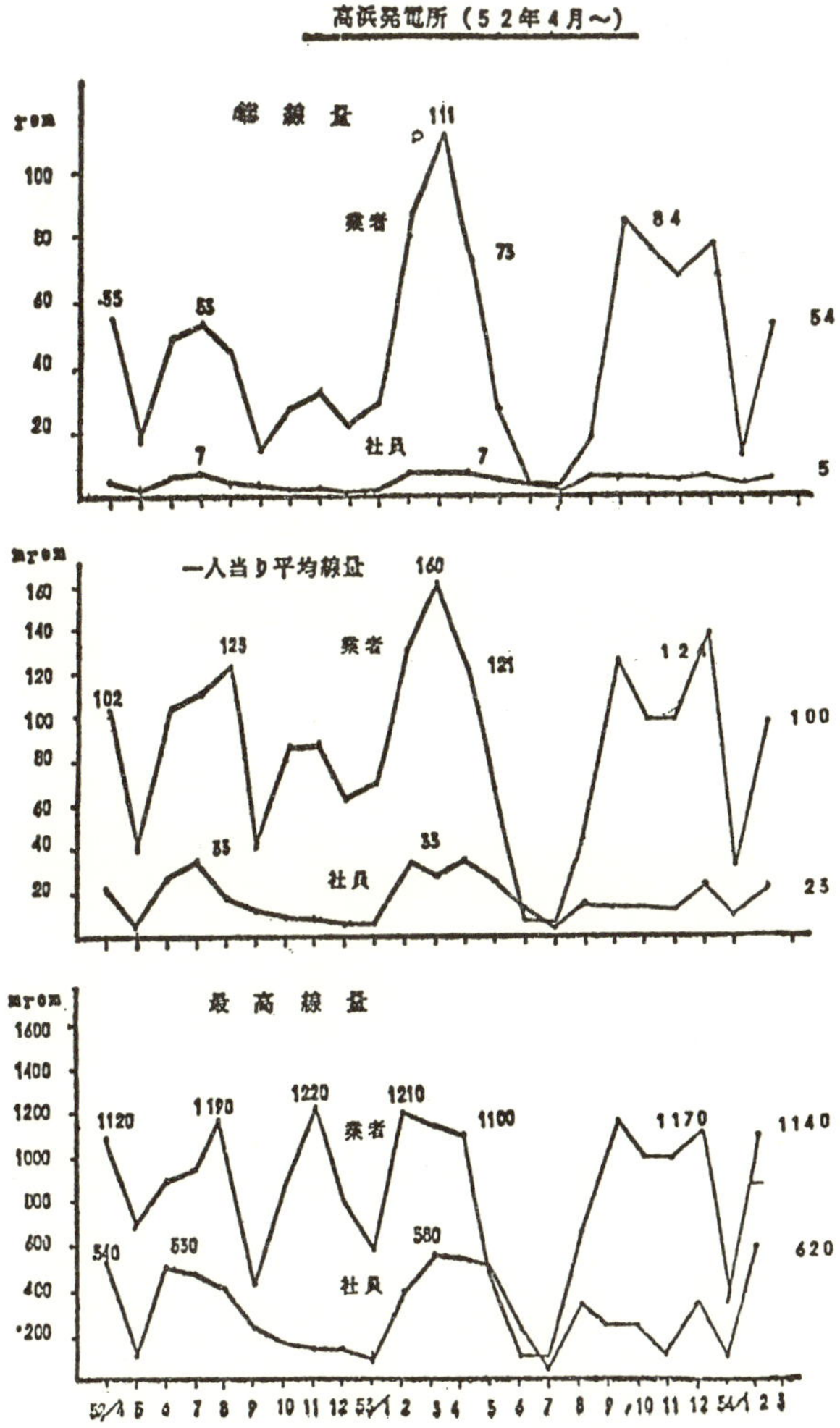

関電・高浜原発の「放射線管理月報」（外部秘）。低いグラフが電力社員。高いグラフが元請け・下請け・孫請け労働者の被曝を示す。

うと、プロとしての技術屋のプライドみたいものが頭をもたげてさ、いい加減にすますってことができなくなる。これが余計に被曝を増やすよな。」

「事実、大量被曝して体が変になった人、相当いるもんね。」

「でも、体をこわした人はいつの間にか、異動ですうっといなくなるもんな、職場から。」

「製缶の篠崎さんもそうだべ？　敦賀で三万（カウント）くらい内部被曝して、二年後に浜岡でホールボディ測ったら五万二千くらいあったとか。あのとき、当時の定検事務所の所長が町へ連れだして飲ませたってな。」

「うん。金をつかませたらしい。あの人も知らぬ間に武蔵工場に変わったとか聞いた。」

神隠し

彼らの話は、延々と続く。どの体験談も生なましく、大企業のすさまじい労働現場を、ありありと再現してくれた。Hさんが最後に紹介した〝生きながらの廃棄物〟の話は、衝撃をもって心に突き刺った。

「大量被曝といえば、緑川さんな、昨年死んだろ。ありゃ、東海一号炉に出向したとき、原子炉のプールに落ちたんだ。」

その人の名は緑川鋼。日立原子力製造部工務課に所属していた。彼が日本原電東海一号炉の核燃料プールに落ちたのは一九七八年の春だったという。亡くなったのは同じ年の五月二日。享年四十歳であった。

「落ちてしばらくして、フラフラしながら会社へきたことがあった。朝だった。まるで違う人みたいに顔の皮膚が真っ黒になって、顔も手も水泡だらけだった。もう歩行がやっとで、よたよた歩いてた。当時、社内では腎臓が悪くて透析してるようなことをいってたが、じつは原子炉のプールに墜落したんだ。しばらくして、亡くなったと聞いた。けっきょく、労災もなんにもとらず。新聞にも一行も出なかった。」

緑川氏の事故について私は、その後、東海原発の和田所長にただしたことがあるが、一瞬表情をこわばらせたものの、あいまいに言明を避けた。緑川氏の家族も、かたくなに死因にはふれたがらない。〝神隠しの池〟が、ここにもあった。

日立消防隊

大企業の社員にとって、自社の恥部を語るのは、つねに一種の罪悪感やうしろめたさを伴うものらしい。日立製作所のYさん（二十九歳、検査）の場合も例外ではなかった。次の事実を語るまでにはかなりの逡巡を示した。

「……BWR（沸騰水型）は、原子炉から出てきた一次系の蒸気で、じかにタービンを回すでしょ。だからタービンの羽根車の減耗がすごい。これを熔接して肉もりし、あとをグラインダーでならすといった補修がしょっちゅうあります。

ところが現地で補修しきれないときは、平気で日立本社まで持ち帰ってるんですよ。一歩、原発構内を出ると放射能管理規制は皆無ですからね。原発のローター（回転体）なんかも、よく四十トン積のトレーラーなんかで持ち出してます。日立までこなくても、近くの下請け工場に運びこんで修理していることもあります。何もしらない技師が、熔接棒を持って一日汚染したローターにとりついているのを考えただけで、ぞっとしてくるんです。」

〝部外秘〟の印のある日立の「原子炉施設にかかわる現地放射線安全管理基準」第七章には、「汚染品の移動および加工」についての条項があった。それには「現地所長（または事業所長）は原子炉施設から放射化された物品及び放射性物質によって汚染された物品を移動し、加工等を行う場合には、汚染物品による放射線障害の防止に必要な措置を講じなければならない」と明記されている。

「管理基準や安全規則なんて、まったく〝たてまえ〟だけですよ。」Yさんは、吐きすてるようにいった。

一九一〇年（明治四十三年）の創業以来、順調に業績を伸ばしてきた日立製作所は、昭和期に入り軍需生産によって大きくなった。戦後は、朝鮮戦争の特需、電源開発、車輌、ベトナム特需、原子力開発ブームを経ながら巨大化させてきた。その陰には、こうした社員に対する徹底した使い捨て政策が貫かれていた。それを可能にしたのは、労働組合の〝御用化〟と、勤労課、「日立消防隊」などによる社員の監視、抑圧がある。原発への社員の大量出向がはじまった七七年一月の日立労組日立支部機関紙「たたかい」の紙面を見よう。

「徹底した安全管理、万全の組織体制で実施。島根原発の点検作業」の見出しで、「……会社提案を、組合はうけ入れ、……FW点検の作業を認めたい。」

「島根原発は、米GE社との技術提携によって、日立が製作した国産第一号原発であります。……こうした状況から判断すると、点検作業をすることは、原発の安全性を確立することであり、当然実施しなければならないと考えます。」

放射線安全管理については、「会社からの説明によると……管理は、法令の基準値以下であって、法令の八〇％の日立製作所基準であり、放射線管理上の問題はないと考えます。」

本来、社員の仕事と安全を守るために存在する労働組合が、その原点を投げ出し企業のいいなりになったあとに何がくるかを、先の現場労働者たちの証言は、明瞭に教えている。ひとたび島根出向を認めれば、あとはどこの原発へでも、業務命令一つで追いやられ、あげくが、あいつぐ大量被曝者の続出である。さらにそれら発病者を〝異動〟によって闇から闇へ葬っていく。

このような企業のあり方に疑問を抱き、批判を口にする者が出るのは当然であろう。そんな〝危険人物〟をあぶり出し監視する機構として「勤労課」があった。勤労課は、各課に通課者を配置するだけではたりず、「連合消防隊」という名の〝十手持ち〟まで組織していた。

「ニッセイの連合消防隊は、火事以外にもアカいものは、すぐに消す」と陰口されている。彼らは、寮や社宅にまで防火点検と称して入りこみ、ときには私信の開封や、マークした人物の私物点検さえ平然と行なっていた。社員の間で「ならず者部隊」と呼ばれる所以である。

ロボット軍団

加えて、企業が〝八〇年代経営戦略〟と呼ぶロボット・メカトロニクスの導入があった。

「……情報化は、明日のわが国の活力の源である。情報化および、情報産業にかかわる施策は、単に短期的な財政事情などから躊躇することは許されない。もしそうするならば、将来に大きな禍根を残すことになる。政府はこのことを十分認識し、本答申で述べている諸施策を強力に推進することを、われわれは切に希望する。」

一九八一年六月発表された「産業構造審議会情報産業部会」の答申の一節である。日立ばかりでなく、東芝、三菱をはじめ、富士通、日電、松下など電機業界は、コンピュータに特別の力を入れていた。すでに八二年春までに、コンピュータ製造の六社への政府の開発補助金は六百八十億円をこえている。日立、三菱の技術者によるアメリカのコンピュータメーカー・IBMに対する産業スパイ事件は、これを背景に起こるべくして起こったといえよう。

日立製作所が八二年一月に打ち出した「新五ヵ年計画」では、八六年度の売上げ目標は二倍の約四兆円に、経常利益目標は三倍の三千五百億円が目指されている。これを達成するには、経営体制の効率化と減量経営が不可欠である。

日立は、五つの研究所と二十七の工場に〝ロボット軍団〟を作ったという。つまり、八七年を目標に組立て工程の六〇パーセントを自動化して、現在の組立て工場の三〇パーセントをなくす計画である。ロボットの導入が、よくも悪くも、労働者の削減を意味することはいうまでもない。東芝も、組立、調整、試験工程を無人化することで、それに携わる二万七千人のうち九千二百人を減らす計画だといわれる。熟練した技能者が、つぎつぎと出向、系列会社への転属、原発定検への出張に追いやられる背景には、このような大がかりな人べらし計画と〝技術導入〟があることも見落とせない。作業の効率化、重労働や危険作業のロボット化、コンピュータによる品質の均一化など、本来、労働者にとって福音であるはずの〝技術革新〟が、これらの大企業にあっては利潤の効率化と人員削減にしかつながっていなかった。

しかも、原子力発電産業にあっては、被曝を避けるという基本的な技術が未確立なまま、走り出してしまっているため、原発の現場ではロボット化さえ遅々としてすすんでいない。生産の自動化として製造部門の無人工場化がすすむ一方で、安全保守の自動化が待たれる原発の定検では、労働者が、あいも変わらぬ決死的な被曝作業を余儀なくされていた。

欠陥炉

ここに一冊の報告書がある。日立製作所内部の極秘文書である。日本原電東海第二原発（茨城県東海村）の製作と据付けを担当した日立製作所の原子力課が試運転作業を終えて本社に提出した「東海第二原発建設総論」である。日立が担当したのはＧＥ社の沸騰水型軽水炉で、出力百十万ＫＷ。「ＢＷＲ15型」と呼ばれる原発である。報告書は、この作業チーム建設事務所副所長（当時）の末松茂氏に

試運転終了に当たって

1. 不良の多発

10指に余る大きな不良が発生した。この中の最大のものは，ＰＬＲポンプおよびモータ不良，コンデミ樹脂舞い上りによる性能不良であり，小さな不良に至っては枚挙にいとまがない。

これらの不良は，新設計品のサイト条件に対する認識不足，サイトの系統条件に対する検討不足およびＱＣ不良によるものが大部分である。ＰＬＲ，コンデミ不良などの大不良は核加熱以前に発見され幸い事なきを得たが，これらが運転中に発見されたならば修復は不可能に近いものである。

4. 放射能の低減

水質管理はプラント放射能と直接つながりを持つものである。燃料破損は，８×８燃料の使用，PC−IOMRの採用により解決しつつあり，ＳＣＣはＳＵＳ316Ｌを使用すること，および脱気起動の採用などで徐々に解決の方向に向いつつある。最後に残る問題は放射能低減であり，給水中のクラッドを下げることである。

水質に関する限り，ＧＥの仕様通り原子力発電所が出来たならば，数年を経ずして発電所を放棄しなければならないであろう。

日立製作所の極秘文書「東海第二原発建設総論」末尾の一部

よって書かれている。ここでは、報告書の末尾の部分――「試運転終了に当たって」のくだりを紹介しよう。

「ＮＴ―２は、ＢＷＲ５型として世界で最初に運転に入ったプラントである。従来の建設パターンは、米国で同形プラントが先行し、その建設実績、運転経験をとり入れ、国内の建設にかかるのが通例であった。

米国内ではZimmer原発が二年、La Salle原発が一年先行して着工したが、それらの工程は大幅に遅れ、Zimmerは今日に至るも燃料装荷は行なわれておらず、La Salleに至っては、いまだ工事半ばという状態である。

また国内では、ＮＦ―６（福島第一原発六号機）が数ヵ月先行して着工されたが、石油ショック以来の電力需要の減退などで建設計画が大幅に遅延され、燃料装荷は七八年十二月頃の予定である。このためＮＴ―２は着工早々にして文字通り先頭を走るプラントになってしまった。

試運転を開始したのは七六年五月……。実質上の試運転完了は、七月十二日の百％タービントリップ試験で、このあと、高負荷出力運転試験が九月九日まで続いた。」

ここまでは、自社の作業についての〝自画自賛〟ともいえる。目を見張らせる記述がとび出すのは、このあとだ。少し長い引用になるが、読者にはしばらくおつき合い願いたい。なお、太字は筆者による。

「この期間、二年四ヵ月である。この試運転期間を顧みて強く感ずることは、

①先行プラントの宿命である不良の多発
②設計者の責任の位置づけ
③試運転のあり方
④放射能低減

の四項目で、いささかこれについて所見をのべて見たい。

1、不良の多発

十指に余る大きな不良が発生した。この中の最大のものは、PLRポンプおよびモーター不良、コンデミ樹脂舞上がりによる性能不良であり、小さな不良に至っては枚挙にいとまがない。……**PLR、コンデミ不良などの大不良は、**核加熱以前に発見され、幸い事なきを得たが、これらが**運転中に発見されたならば、修復は不可能に近いものである。**……

NT―2で経験したコンデミ不良は、或る先行炉でも出ているが、試運転中に発見されず、そのま**ま運開したためにクラッドが大量に炉内に流入している状態であり、**改造は未だに実施されていない。

……

2、設計者の責任の位置づけ

設計者は不良を出した場合、これを修復する責任だけでなく、多くの作業者が放射線下で被曝しながら作業することも考えてもらいたい。

原子力発電の不良は『悪ければ直せばよい』という思想で、もはや律することは出来ない。今日多くの原子力発電所で設備利用率が低下しているのはこのためであり、設計思想を固める段階で慎重にプラント計画を行ない、設計段階ではハードの不良を出さないことを前提にして取り組まなければならない。

今日まだ、ソフト計画者ならびにハードの設計者の中に、『EBASCOの指示通り計画しました』『GEの通り設計しました』という言葉をきくが、これはもはや免罪符にならないことに思いを致してもらいたい。……

3、試運転のあり方

原子力発電所は、放射能がなければ火力発電所となんら異なるところはない。

放射能のため、起動試験後の補修作業はきわめて困難になることを考え、プリオペ時にプラントの健全性を十分確認する試運転計画を立案することが必要である。……

4、放射能の低減

水質管理はプラント放射能と直接つながりを持つものである。燃料破損は、8×8燃料の使用、P

ＣＩＯＭＲ（慣らし運転）の採用により解決しつつあり、ＳＣＣは……。最後に残る問題は放射能低減であり、給水中のクラッドを下げることである。水質に関する限り、ＧＥの仕様通り原子力発電所が出来たならば、数年を経ずして発電所を放棄しなければならないであろう。

ＧＥ仕様で満足するならば、炉内に持ちこまれるクラッド量は百十万ＫＷクラスで六千キログラム／年（ＧＥ仕様一五ｐｐｂ以下）にものぼり、ＣＵＷ容量が一～二％程度のものであれば、これで除去される部分はわずかであり、大部分は放射化してプラントを汚す結果となる。

このようにＧＥは、自らの仕様で自らダーティプラントを作っており、自らのプラントに自らの責任をとっていないことになる。

……原子力発電所の技術問題は解決されても、最後に残る問題は放射能である。……」

担当専門技師による、まったく技術的な報告文書であるが、随所に抑えきれない怒りがたたきつけられている。ＷＨ社と並ぶ米国最大の重電機メーカー、ＧＥ社が世界各国へ売りに売った原子炉の、これが正体であった。

現状の軽水炉原発の技術的欠陥については、じつは日立製作所の綿森力専務取締役も、公然と発言している。通産省・資源エネルギー庁の月刊雑誌「資源とエネルギー」一九七七年夏号に「わが国の原子力発電――その現状と見通しと問題点」と題した座談会での発言である。

「私ども、実は反省しておりますけれども、原子力の技術について、米国のメーカーの技術を過信しすぎました。その前に火力をやって、火力は至れりつくせり、はるかにわれわれの及ばない大先生だった。ところが原子力発電については、大したものでもないのに非常に差があると思ってアプローチしていったところに、大きな失敗がありました。……」

財界の側からする原発技術の現状についての偽らざる告白であろう。GE社の原子炉が根本的に欠陥炉であることにがく然とした財界のもようは深刻であった。だからといって、すでにここまで推させた原子力重点路線を後戻りさせることはできないということであろう。

「自前の原子力技術を！」「日立こそが原子力のシェアで首座を」「将来、アジア諸国向け輸出プラントの先端商品となる標準炉を日立こそが！」この焦りが、社員をしゃにむに被曝労働へ駆りたてる動機になっている。

定検マル秘文書

欠陥は、GE社や東芝、日立がうけもっている沸騰水型原発だけなのだろうか。どうやら、事情は、WH社（ウェスティング・ハウス社）や三菱電機の加圧水型原発でも、それ以上に深刻なもようである。手許に「KMN・2第一回定検工事報告書」と題した社外秘の文書がある。KMN・2とは、関電美浜二号機の略。同原発の定検作業をうけ負った新菱冷熱（三菱系列）の作業チームが会社に提出した報告書である。提出は一九七四年三月二十七日とある。

「1、概要。今回美浜二号機第一回定検工事は、昭和四十八年（一九七三年）九月十五日から始まった……」

報告書は、こう書き出している。法によって年一回義務づけられている定検は、通常三ヵ月で終わる。ところが、この場合、五ヵ月以上も費やしたことがわかる。まして運転開始後一年目で、まだ比較的汚染や故障が少ないはずの定検としては、きわめて異常だ。

「2、作業内容。①送風機（理研鋼機）……②冷暖房ユニット（東洋製作所）……③冷凍機（菱信工業）……④冷水ポンプ（横田製作所）……⑤フィルター・ユニット、フィルター交換（千代田保安用品）……⑥その他。ダンパー、下部ベアリング・ダクト……」

補修・定検箇所とその設置企業が詳しく記録されている。新菱冷熱は大型空調機器のメーカーである。といっても、人間に涼風を送る家庭のエアコンを想像されてはいけない。これらの機器は、人間の体に喩えれば肺や気管支、あるいは体温調整機能ともいうべきもの。これらの臓器によって、原発の各機器は異常発熱にうなされることなく運転できるわけだ。そればかりか、いざ、最悪の原子炉事故発生というときに、冷却機能を果たすのも、これらの機器であり、安全運転には不可欠の重要な部門である。

「3、保守作業上の問題点および改善策。
一、送風機に関して。
①……また、2ME・13AB（原子炉容器冷却ファン）の吐き出し側フレキシブル・ジョイントの取付ボルトが、取り外し不可能な状態となっているため、送風機内へ入ることもできず、軸受部の点検、グリース交換等の作業は、いっさい行っていない。
これから先、二十数年の運転を考えた場合、どうしても運転時における軸受部の湿度・振動・異音等の測定、調査ができる何らかの方法の検討が必要であろう。
②プレナム内に組込まれているシロッコ型送風機（2ME・57AB余熱除去ポンプ室空調装置、2ME・70AB充てんポンプ室空調装置）に関して、人間が作業するのに、かなり窮屈なスペースしかない。とくに57A

Bに、それが著しい。人間が作業するのに必要な最低スペース（間隙）の考慮が必要だろう。

③2ME・12A（アニュラス排気ファン）の回転数測定の際、ベルト・カバーに測定口をあけてあるのですが、すぐ横にコンクリート柱があるため、振動計を入れることができず、測定できなかった。レイアウト上の設置ミスだと思われるが、このような場所への設置はさけるべきである。

④回転数測定に関してであるが、ベルト・カバーに測定口があいていないものがあったり、開けてあっても、プーリーと軸の固定用に打込んであるキーの頭が大きいため、回転計の回転子が飛ばされて測定できないものがあったりしています。考慮が必要であろう。」

技術上の業務報告として、さり気なく書かれているが、これらの指摘の一つひとつは、実は重大問題なのである。「検査や補修ができる構造になっていないから、放っておいたが、いまのうちに何とかしないと知らないよ」「だいたい、人間が作業に入れるすき間もないじゃないか」と、技師たちは抗議しているのだ。

次へすすもう。

「二、冷暖房ユニットに関して。

2ME39（AB送気空調装置）のドライパック・フィルターが、かなりひどい状態（湿気による破れ。その破れたドライパックがコイルにくっついている）のまま、フィルター交換もせずに運転しているため、コイルにフィルターの破片がくっついていたり、雨、雪をもろに浴びたりしている。

交換回数を増すことを関電に要望したい。」

フィルターが目詰まりして、破れ、破片がコイルにへばりついて、雨・雪をもろに浴びている、という。これが、いかなる危険を意味するか、もはや余計な解説は要しまい。

「三、冷凍機に関して。……②防蝕亜鉛板を取りつけているボルト、ナットが海水で腐蝕されて、亜鉛板が凝縮器水室の底に落ちていた。……」

「六、その他。……②（格納容器内の）下部リング・ダクト内の点検において、ガイド・ベーンを数枚収集しましたが、一体どこのベーンが飛ばされたのか、調査が必要であろう。……⑤2ME・39（AB送気空調装置）吸込側モーターダンパーは、常時2ME・39運転のため、常時OPEN状態であり、作動試験もしないまま、放置していたせいか、リンク機構が錆びついて、作動しなくなっている。（SHUTの状態にならない）

関電に定期的な作動試験、油補給等の作業を強く要望したい。」

くどいようだが、ダクトだの、空調だの、冷凍機だのといって、家庭の台所のゴミ捨てやクーラーや冷蔵庫を連想されるのは、認識を誤る。いずれも原発の安全運転と緊急時に不可欠な重要な巨大機器ばかりである。「たかが、ボルトの一本、亜鉛板の数枚……」などと考えると大間違いである。むしろジャンボ・ジェット機のエンジンを想い浮かべてほしい。開いてみたら、ボルトやナットが腐蝕して、とめてあった板が外れていた。あるいは、どこの部品かわからぬが、数個の部品が外れて落ちていた。さらに、逆送を防ぐダンパーが、錆びて作動しなくなっていた……としたら、だれだって背筋が寒くなるだろう。ここで指摘されていることは、それ以上に深刻な事態だといえる。

それにしても、定検に派遣された技師たちが、どのような場所で、どんな作業を強いられているかが、目に浮かぶようである。さらに、原発内部の設計、機構、機器の管理状態のひどさも、リアルに再現されている。

「四、定検における問題点と今後のあり方。

①我社の作成した工程の無意味さを、つくづく思った。というのは、関電内部における問題により、我社の工程は全く狂ってしまう状態が現状であった。
どの機器からはじめるというような事でさえ、全く関電次第という状態であった。

ゆえに、今後定検工事の工程を組む場合は、客先との綿密な打合せにより組むことが必要である。
②放射線管理区域という特殊な区域における作業のため、立入手続き云々に時間をとられ、協力業者に手待ちさせてしまうことが、たびたびあった。
放管担当者を、作業担当者と別に一名は絶対に置く必要があります。
③関電に対して
・高放射線区域の指定を明確にしてもらいたい。
・関電支給品（予備品）の充足の徹底を望みます。
・メーカーと関電の安全基準の相違によるトラブルの解消を望みます。」
これは、現場責任者が企業に宛てて提出したマル秘の社内報告書であり、文章表現にはかなり神経を遣い、抑制しているふしが随所に見られる。それでも、報告者の抑えがたい怒りと抗議が行間の至るところに噴出している。最後に「五、まとめ」の項を見よう。

「原子力部として、初めての定検ということで、定検に対する姿勢があいまいなままで乗りこんだわけでありますが、当初もっていた放射線に対する不安感が、作業を行なうにつれて薄れていくような傾向にあったと思います。

このような放射線被曝に対する意識は、放射線管理担当者（略して放管）によって、ある程度は、常に維持されるべきであると思います。

また第一回定検工事要員として、私たちのような入社して一年にも満たない者を派遣する事は、少しおかしいように思われた。少なくとも、技術的専門知識のある者が一名は必要と思います。たしかに課長がおられたので、随分と助けになったのは事実ですが、課長クラスの人が現場にまで出て、作業をやられるのは、あまりうまくないと思います。

当初予定三ヵ月を大きく上回る五ヵ月という長きにわたる定検となった原因としては、上記の、我々の作業能率が悪い、関電担当者でさえ、今日、明日の工程さえつかめぬ有様だったので、こちらとしても手の打ちようがなかったこと、定検により発見された新たな補修工事をも含んでやったこと、放射線管理区域内への立入手続きに時間をくわれたことなどがあげられると思います。

以上のようなことをふまえ、今後の定検には、次のような課題が残されていると思います。

①放射線管理、放射線についての教育の徹底。

②作業の省力化、能率のアップ。

③客先担当者（関電）との接触を密にして工程をしっかりと把握する。

④各機器における安全・合格基準の明確化。」

五ヵ月にも及んだ長い定検を、無事にやり終えた現場技師としての安堵感や喜び、誇りは、報告書のどこにも嗅ぎとることはできない。行間に満ちているのは、「もうこりごりだ。俺はまっぴらだ」という絶叫ではないのか。関電美浜原発二号機（加圧水型五十万ＫＷ）が運転を開始したのは一九七二年七月である。それから一年後に行なわれた第一回定検の実際が、この有様であったことに注目せねばならぬ。原子炉は、年を経るごとに放射能汚染がひどくなり、機器の故障が加速していくものだからである。

重大事故

ところが、このとき、すでに美浜原発では、一号機が蒸気発生器細管の破損につぎ、核燃料棒の一部が折損するという重大事故が起こっていた。そればかりか二号機でも、第一回定検で同様に燃料棒が湾曲し、間隔が設計より狭くなっているのが発見された。重大事態である。同様の燃料棒の事故は、世界各地の原子力発電所で多発している。一歩誤まると、制御棒を挿入することができなくなり、原子炉は制御不能に陥るおそれがあった。

美浜二号機の異常に湾曲した核燃料集合体は、合計十六体に達していた。一号機の核燃料棒は、上部九十センチが折損し、核燃料を覆っているジルカロイ合金の破片とともに、原子炉の中を回っていたのである。

先に紹介した新菱冷熱の技師たちが、美浜の〝巨人〟の肺臓や気管支、体温調節機能の治療とカルテ作りに取りついていた、まさにその時に、この〝巨人〟は、心臓を病み、危篤状態に陥っていたのであった。

だが、この重大事故が国民の前に明らかにされたのは、それから三年も経ったあとのこと。一九七六年、国会で動かぬ事実を突き付けられるまで、関電も政府も事態を外部には明らかにしなかったのである。

ＷＨ社の加圧水型には、このほか、蒸気発生器の細管が破れて、放射能が漏れる事故があいついでいる。原子炉で熱された一次系冷却水でタービンを回す沸騰水型と異なり、加圧水型は一次系の熱によって蒸気になった別系統（二次系）の冷却水がタービンを回す。二次系を蒸気にする場所が蒸気発生器だ。原子炉を〝巨人〟の心臓とすれば、冷却水は血液にあたる。蒸気発生器は、さしずめ造血器官であろうか。〝巨人〟の各臓器は、ことごとく病んでいたのである。

告白

原子力発電所の内部文書を紹介したついでに、手許にあるもう一束の文書に触れよう。関西電力の各原発に働く社員の部厚い「教育受講報告書」である。このなかから、スリーマイル島原発事故直後の一九七九年六月に慌てて実施された各部門技術研修にしぼって、二、三を紹介しよう。研修会の最後に受講生に書かせた感想文である。

六月十八日、福井原子力事務所でおこなわれた「再訓練監督者コース机上教育」の受講生（三十九歳）は、こう書いている。

「原子力の基礎理論、プラント特性等、日常忘れ気味になっている知識を呼び起こしてくれましたが、やはり一日で済ませるボリュームでないと考えます。もう一日かけると充実感が得られたものと思う。」

受講者の感想の下には、「所属所長所見」欄があり、「TMI事故に見られるように、今まで仮想事故と考えられていた事が現実となった現在、原子炉の基礎理論を今一度見直すことが監督者にとって非常に大切な時期である」と付箋している。

いま一人、「再訓練監督者コース」の受講者（四十四歳）――。

「原子炉理論、プラントの特性を受講したが、復習の意味で大変有意義であったが、時間をもう少し長く、内容も深くしてほしかった。」

所属長の所見は「今こそ管理監督者に〝原子炉をよく知った人〟が必要な時期であり、有効であった。本人の基礎理論の復習を更に督励したい」とある。

企業に〝ゴマ〟をすったとみられる感想が多いなかで、とくに目をひく一枚があった。

「原子炉の核分裂から熱発生、熱水力特性等、炉固有の問題については、基礎的なものとしては、絶対必要なものであるが、運転技術として考えるときは、一部分に過ぎない。従って、一、二次系を含め、総合的な運転技術についてPWR用をまとめ、一冊の本（テキスト）にしてほしい。

今の原子力P／S運転員は、一人一人が狭い範囲の知識、技術しか持っていないので、スリーマイル島のような事故が再発生した場合（異ったパターンになれば）応用をきかして、事故拡大を防止し得る能力は、育っていないと考えている。」

実際に日夜、原子炉を動かしている熟練運転員の率直な告白である。事故直後の七九年三月三十日、吹田原子力安全委員会委員長談話が、まだスリーマイル島事故の全容さえわからない段階で「同様の事故が、わが国の原発で起こることはありえない」と、はやばやと〝安全宣言〟をおこなったことが想い出された。

原子炉制御室（写真は東電福島第一原発）

転落死

「何かあったのか？」

「事故らしい……」

「また、作業員の一人が行方不明だと……」

帰り仕度の作業員が小声でささやき合った。

「いつもの通り、口外無用だとよ。」

東電福島第二原子力発電所。富岡町と広野町にまたがる太平洋に面した断崖を削って、四基の原子炉がすえつけられていた。すでに一号機は完成してその全容を現わし、試運転に入っていた。残る三基も、昼夜兼行の建設工事が進んでいた。

一九八二年一月十六日のことである。建設中の三号機のタービン建屋で、一人の下請け作業員が死んだ。この人の名は杉勝《まさる》。四十二歳。建設現場の作業班長だった。この工事の主体は鹿島建設であり、その下請けが中里工務店（大熊町）、孫請けが住吉建工（小高町）である。彼は、

故・杉　勝氏

そこの作業員だった。富岡町の大原病院の医師が書いた死亡診断書――。
「死亡年月日　昭和五十七年一月十六日。推定死亡時刻　午後三時。死因　頭がい骨骨折、頸骨骨折。三号機タービン建屋ポンプキャンに落下死亡。その他の災害　作業中の事故による……」
　原発建設現場での墜落事故は多い。八一年十月には四号機でも足場板が固定されておらずに、作業員が墜死した。第二原発での死者は、かなりの数にのぼるが、報道はおろか、労災件数にも入っておらず、だれもが見てみぬふりをしいられている。

　翌朝、小高町の真言宗・金性寺で、杉家の葬儀が営まれた。遺族は、妻のカツ（三十八歳）。そして高校二年生の勝之君（十七歳）、中学三年生の剛士君（十五歳）、小学五年生の剛人君（十一歳）、四男の英太郎君（十ヵ月）の四人の息子たちだった。葬儀は、住吉建工の職員らによって手際よく運ばれていた。長男の勝之は、突然の父の死に茫然自失し、祭壇にたちのぼる煙と父親の遺影をぼんやりと見ていた。ふと、焼香を待つ人びとの会話が耳にとまった。

「杉さんは自殺だそうな。」

「バクチに狂うて、サラ金にも追われとったらしいぜ。」

「自殺者の心理で、下着も真新しいものを着けていたそうだ。遺書もあるとか……」

変だな――。勝之の脳裡に、一瞬不審がよぎったが、深く気にもとめなかった。それよりも、彼にとっては昨夜来、一睡もしていない母親カツの方が気がかりであった。

火葬を終えて金性寺に戻ったカツを、住吉建工の阿部社長が本堂に呼び入れた。

「葬儀費用も相当かかったが、これは心配しなくてよい。会社がもつ。香典が九十万円ほどあるから、これは手をつけずに差しあげる。長男があと一年で高校を卒業だから、それまで月十五万円を支払ったげる。生活保護がとれるから、役場で母子家庭の手続きをとろう。それから、絶対に人にいってもらっては困るが、杉くんは自殺だから、労災申請はだめだよ。これはくれぐれも他言しないように……」

カツは、本堂の障子に映ってゆれる木もれ日を、放心したように眺めていた。何をどうすればよいのか、思考力が停止しているのが自分でもわかった。

「人に言わないように……」阿部社長は、なおも念を押したが、カツは人ごとのように力なくうなずくだけだった。心の隅の、どこか遠いところで、カツ自身の弱よわしいつぶやきをきいていた。(自殺なんて……嘘よ、そんなこと。昨夜だって、あんなに元気で……いつもと変わりはなかったものを……。あんた、なんで死んじゃったのよ)

杉夫婦は、埼玉県草加市の金銭登録器を作る小工場で知り合い、職場結婚した。つぎつぎと子供が生まれ、夫の郷里である福島県小高町の町営住宅に移った。だが、夫の郷里の風も暖くはなかった。幼児をおぶって夫婦で親戚の豆腐店に働いた。早朝五時に起きて、留守の間の子供たちの食事を作り、下の子をおぶったまま、夜は六時、七時まで立ちづめで働いた。夫婦には残業手当もなく、子供が風邪で高熱を発しても休めなかった。

四男を身籠《みご》もったとき、夫婦はようやく豆腐店を辞め、夫は原発に身を寄せた。暮らしは苦しかったが、一家六人がそろって夕餉《ゆうげ》の膳につけるのが、うれしかった。八一年夏ごろ、夫が「管理区域へ入るかな。日当はよほどいいからな」といい出したときも、カツは「給料なんか安くてもいいから、それだけはやめて！」と頼んだ。放射線管理区域での作業で、発病した人の実例を、カツも知っていた。

町営住宅は六畳と三畳の二間きりである。四人の男の子と夫婦が住むにはあまりに狭い。高校生の勝之にとっては、夜は勉強する空間さえなかった。それでも父親は三畳の間を彼のために空けてくれたが、ふすまの向こうで折り重なるように寝ている弟や父母を見ると、やりきれない気持ちになった。「おれ、学校やめて働こうと思ったんだ。それで、担任の教師にいってみた。『あと一年だから、卒業しとけ』といわれた。親父が死んだの、その日だったんだ。」

その前夜、突然「俺、学校辞める」という勝之に、「ばか！」といった父親の淋しそうな表情がいまも彼の瞼に残る。「でも、自殺なんてうそだ」と勝之は思う。

「年に一、二回競輪に行ってたことはある。でも三年ぐらい昔のことだ。最近は、競輪どころじゃなかったよ。サラ金なんて、絶対うそだ。家計のことは、ぼくが一番よく知ってるｻ。下着が真新しいというのもうそだ。なんで、こんな見えすいたことばっかり、いうのだろう。

とりたてて、どうってことのない親父だったけど、いい親父だった。帰りのバスでワンカップもらってきたときなんか、子どもみたいにうれしそうな顔しちゃってｻ……」そこまで言うと、勝之の両眼に涙があふれ出した。

事故現場

その日、杉勝は三号機タービン建屋のEL十二メートル円盤と呼ばれる階で、生コンを送る太い配管をつなぐ作業の班長をしていた。彼の姿が見えなくなったのは三時ごろである。作業が終わる四時すぎになっても、彼は現われなかった。

「元請けに気づかれないように、こっそりと探せ。」原発建設現場では〝十万時間無事故キャンペーン〟の最中であった。中里工務店、住吉建工の作業員が八方手わけして探したが、杉の姿はなかった。すでに八時近くなっていた。知らせをうけた元請けの鹿島建設も動き出した。夜九時、作業場の一階下に当たるELゼロ円盤の大型ポンプを入れるピットに転落している杉が発見された。ピットは深さ六メートル、幅四メートル四方の深いものだ。彼を抱きあげた作業員の一人はいう。

「両眼を見ひらき、頭の骨がくぼんで血が流れていた。もちあげると首がグラリと折れた。住吉の世話役のSが見つけたが、初めは懐中電灯では、上からはよく見えなかったようだ。」

現場は広大なコンクリート囲いの密室で、昼でも真っ暗闇である。そんなところへ、杉は何をしに降りていったのか。それとも他殺か？

「いや」と目撃者たちはいう。「恐らく彼は小便しようとしたのだと思う。その証拠に、杉はズボンの窓からチンポコ出して死んどった。」

検視官は、どう見たのだろうか。

「富岡警察がきたのが十一時だが、死体は動かさずに置いてあった。」

十一時？　妙なことだ。現場から富岡警察署までは車で十五分とはかかるまい。九時に発見されたのに、なぜ検視が十一時なのか。

「さ、それだ。じつは、にわかに鹿島建設の指示で、ピットには安全ネットが張られ、周囲にはパイプの防護柵が作られた。壁には照明までとりつけられた。すべてが急ごしらえ。これが完了してから、一一〇番されたというわけだ。」

照明や防護柵まで完備していたのに、杉は安全ネットのすき間から覚悟の飛び降り自殺をとげた——なるほど、これで舞台の道具立てはととのったことになる。労働安全衛生法と省令（第九章・墜落、飛来、崩壊等による危険の防止。第十章・通路、足場の危険の防止）は、建設作業現場の安全確保のための手だてを講じることを義務づけている。だが、現場は明らかに、この義務を怠っていたわけである。これを隠ぺいし、さらに作業中の災害、事故としての労災補償を避けるための苦肉の策であった。自殺死としてのアリバイは作られた。企業の違法事項や手ぬかりは何ひとつ存在しなかったのだ。

いま、親戚や周囲の人たちの遺族への風当たりは、けっして暖かくはない。めいめいがなんらかの形で原発の関連企業とかかわっているからである。だが、残された妻と四人の息子たちは、歯をくいしばって生きている。

関西広域原発極秘計画——峠の向こうに

1

　十月の祭りが　太鼓をたたいて通りすぎると　雨が追っかけていった　風が大江山にどどっと雨をたたきつけると　陽のさしながら雨のふる　狐の嫁入りがはじまる　稲刈れ架けろ　脱殻いそげ　雨と雨の間をぬって　しごとがすすむ

2

　船もひくぞ　おおあらしになるぞ　呼びかわす大声を　西風がちぎりなげとばす　岩にくだけた浪は　しぶきになって空に流れるが　海のしずまりを待つ　底曳網にかかるかにはでてきたか　大敷網にはいる鰤《ぶり》は若狭湾に回遊したか　一本釣にかかる鯛はえさをほしがっているか　おさまらぬ余波の上で漁がはじまる　あらしとあらしの間をぬって男ははたらく

3

　〃ベントウワスレテモ　カサワスレルナ〃　うらにしはしつようにも雨を運び　久美浜湾も経ケ岬も野田川もつつむ　丹後に雨は愚直にふり続ける　雨と雪の一九〇日　晴れと曇りの一七五日　湿り気で戸棚の餅はすえ　押入れの座ぶとんをかびくさくする　——大路・鱒留・二箇・五箇谷は地獄谷とや日もささぬ——　丹後はじめじめするうらにしを封じこめ逆手《さかて》にとった　うらにしを経糸《たて》に　したたる汗を緯糸《よこ》に　桟《はた》を織った　やさしくしとやかなちりめんを織りあげた

4

　しぜんがどれだけいじめても　だれかがどれだけいじめても　遠い昔からうたいながら

しごとした　――大江山から鬼が尻だして　丹後へひびくよなへをたれた――　うたいながら笑い　笑いながら涙をこらえ　手をにぎりあって　丹後はすすんだ

いけい・たもつ「うみ・はた・やま――丹後の風土――」

（『丹後ちりめん子ども風土記』より）

邂逅

関電本店勤務のM氏との出会いは、私の原発取材のなかでも最も心に残るドラマの一つである。まったく偶然のきっかけから、数度にわたる面談、誠実な討論、そして激しい葛藤を繰り返した。それはあまりにも人間的で、感動的なドラマであった。その一場面一場面を私は、生涯忘れることはないだろう。

だが、その出会いの動機やいきさつ、脳漿を絞るような彼の苦悩と迷い、決意の過程。……企業に生き抜く一人の男の心の軌跡と、胸を打つその表情について、いまはまだレポートすることは許されない。彼の出身地、経歴、身分、風貌、年齢、家族についても同じである。その片鱗を描けば、関電にとってはM氏の像が容易に浮かび上がるからである。あえて横顔に触れるなら、M氏は一介の平社員ではない。また、いわゆる〝反企業的〟な人物でもなかった。むしろ関電に忠誠を尽くしている男であり、わが国の将来像を真剣に考えている人物というべきであろう。

「原子力が日本にとって必要なことは論をまたない。炉心技術、再処理、放射性廃棄物など、確かに未解決な問題もあるが、技術的には時間が解決するのではないか。それより、圧倒的に輸入に依存している日本のエネルギーを自力の方向に向けることができるかどうか、その方がはるかに大問題だ。しかし、フェアじゃないんだな、いまの企業と国のやり方は……。私は住民が納得ずくで推進するのでない限り、けっきょくはいつか住民によって覆されるのではないかと思う。それにしても、現実の住民はあまりにも無自覚だし、革新政党もふがいない。」M氏は、そんなことを愚痴っぽく感じるほどくり返した。

その彼が、一冊の資料を見せてくれたのは、ことし三月初めのある日のことである。四センチはあろうか、部厚いその資料はA４判の大きなものだった。黄緑色の厚紙の表紙には、横書きの黒い明朝体の活字が刷りこまれていた。

「原子力発電所新設予定地の地形地質調査報告書　昭和57年（一九八二年）2月　関西電力株式会社
株式会社新日本技術コンサルタント」

なんと！　私は目を見張った。にわかに動悸が激しくなるのを覚えた。それは、まさに関電の原発新立地点を示す極秘資料そのものだったのである。指先に微かな震えを覚えながら頁をめくる私に、M氏がいった。

「重役と、ごく一部の社員しか知らんものです。本店のなかにある社長室直轄のプロジェクト・チーム『電源開発推進会議』がすすめている原発立地計画の一部です。」

そこまでいうと、急にM氏は改まった口調になった。「これで十分でしょう。あとは自分で調べてください。恐らくもう、あなたと会うこともないでしょう。」

立ち上がりざま、「私もまだ消されたくはありませんからね」といい、にっこり笑った。

彼は去った。探し求めていた峰は、意外な形で姿を現わした。初めて「情報」に触れたときから、じつに一年が経とうとしていた。

極秘立地計画

それにしても「原子力発電所新設予定地地形地質調査」と表紙に明記するとは、外部極秘の内部文書とはいえ、大胆なことではある。はたして本物か？　一瞬、そんな疑問もよぎる。だが、詳細に見ていくと、疑問はことごとく吹きとんでいく。「炉心」という原発特有の用語も随所に出てきた。「地下式原発」の表示もある。地図、カラーゼロックスの地質概略図、地質平面図および断面図、地質層群の層序区分表、航空写真や現地の写真など、それはまぎれもなく、関電上層部のトップシークレットそのものであった。

若狭湾から丹後半島に及ぶ福井県と京都府北部の地図。それは二十万分の一縮尺の白地図だった。ところどころが丸で囲まれている。「京都府二地点——野原地点、白杉地点」「福井県五地点——食見地点、奈胡崎・小浜（田島）地点、西小川地点、双児島地点、袖崎地点」

兵庫県北部にも五地点があった。安木地点、香住地点、御崎地点、三尾地点、居組地点。さらに和歌山県紀伊半島に三地点——三尾川地点、富田川地点、日置川地点。福井、京都、兵庫、和歌山の一府三県におよぶ十五の地点が、原発予定地として地質地形調査されていた。

頁をめくっていくと、各立地点ごとに二万五千分の一の地図に「調査位置図および空中写真判読図」として拡大されていた。敷地となる半径一キロが丸で囲まれ、その中央に原子炉の位置を示す小丸が複数記入されていた。その敷地の内外には、断層を示す線が、不気味に交錯している——。

なんともリアルな地図である。立ち退き必至の部落も、川も丘も、道路や畑まではっきりとわかる。そこに立ち働く農漁民や子供たちの遊ぶ姿まで見えるようである。兵庫県の安木地点、香住地点に至っては、国鉄山陰本線が原発敷地内に入ってしまっている。立地に邪魔なものは、人家であれ、鉄道であれ、立ち退かせるまでだ、という姿勢がそこに読みとれる。

読みすすんでいくうちに、さらに驚くべきことが記されていた。十五地点ごとに、地形、地質状況、地質構造（走向・傾斜、断層）、山腹斜面の状況、基礎岩盤の状況などについての詳細な調査結果も注目されるが、目を疑ったのは、「適地性評価」の項である。評価のランクは、「炉心に影響をおよぼす断層」「山腹斜面の安定性」「基礎岩盤の状況」の三項目ごとにA（適）、B（不安定、または不適）、C（まったく不適）の三段階であった。さらにそのうえで、三項目の「総合評価」を同じくA、B、Cで位置づけていた。

「総合評価」でAを得ているのは、十五地点のうち、なんと兵庫県香住地点ただ一ヵ所にすぎないのだ。ということは、香住地点以外は「不適地」として予定地点から外れるのだろうか。

人文評価

取材は大詰めを迎えていた。大車輪の活動が始まった。現地へとぶことはもちろん、M氏以外の関電社員、関連会社技師、専門学者など、取材ノートが増えていくにつれて、目の前の霞が晴れ、極秘

適地性評価

価 総合評価	備考
B	※　場所によっては不安定である。
C	※　文献に調査地域の中央部にENE－WSW方向の断層が図示されており、再調査を必要とする。 ※※ 場所によっては岩盤は相当劣化している。
B	※　断層の延び、規模などについて再調査を必要とする。
B	㊟　"熊川断層"の延長部が沖合を通る可能性も考えられる。
B	㊟　"熊川断層"の延長部が沖合近くを通る可能性も考えられる。
C	※　野原北方にN－S方向のリニアメントが認められ、この付近に熱水変質部ないし断層露頭が2箇所みられる。
C	※　平坦地の北側斜面にE－W方向に延びる規模の大きい断層の存在が予想される。
B	※　浜安木付近にNW－SE方向の明瞭なリニアメントが認められ、この付近の花崗岩類は軟質化しており再調査を必要とする。 ※※ 凝灰角礫岩は不均質である。
A	
B	㊟　良好な凝灰角礫岩の分布位置、厚さ、広がりについて再調査を必要とする。
C	※　断層の延び、規模などについて再調査を必要とする。 ㊟　良好な安山岩の分布位置、厚さ、広がりについて再調査を必要とする。
C	※　文献にE－W方向の断層が図示されており再調査を必要とする。
B	※　文献にN－S方向の断層が、またこの付近にNE－SW方向のリニアメントが認められ、断層が存在する可能性があり、再調査を必要とする。
C	※　断層の延び、規模などについて再調査を必要とする。
B	

備考欄の注記事項は総合評価には含まれていない。

表－Ⅲ－5　地形・地質調査による

地点		基礎岩盤の地質	地形・地質上の評		
			断層	山腹斜面の安定性	基礎岩盤の良否
福井県	食見	古生層 粘板岩	B	B ※	B
福井県	奈胡崎・小浜 (田烏)	古生層 チャート，粘板岩優勢互層	BまたはC ※	C	B ※※
福井県	西小川	古生層 緑色岩類	BまたはC ※	A	B
福井県	双児島	古生層 塊状砂岩	B	B	A
福井県	袖崎	古生層 砂岩粘板岩互層	B	C	B
京都府	野原	花崗岩類	BまたはC ※	B	BまたはC
京都府	白杉	古生層 粘板岩（ホルンフェルス） 一部花崗岩類	C ※	C	C
兵庫県	安木	北但層群 凝灰角礫岩，流紋岩	BまたはC ※	A	A ※※
兵庫県	香住	北但層群 凝灰岩	A	A	A
兵庫県	御崎	北但層群 凝灰角礫岩	A	C	B
兵庫県	三尾	北但層群 凝灰岩，安山岩	BまたはC ※	C	B
兵庫県	居組	北但層群 凝灰角礫岩	BまたはC ※	C	B
和歌山県	三尾川	中生層 チャート，砂岩	AまたはC ※	A	AまたはC ※
和歌山県	富田川	田辺層群 砂岩泥岩互層	BまたはC ※	C	B
和歌山県	日置川	牟婁層群 砂岩	B	A	B

関西電力本社の極秘資料「原子力発電所新設予定地地形地質調査」の一部

2. 調査地点の比較および総合検討

各調査地点について地形・地質上の観点、特に炉心に影響をおよぼす断層の有無、山腹斜面の安定性 および炉心予定地周辺の基礎岩盤の状況に注目して各調査地点の適地性を評価した。結果を表－Ⅲ－5に示す。なお、評価の基準は表－Ⅲ－4に示すとおりである。

表－Ⅲ－4. 適地性評価の基準

評価のランク		判断基準	
炉心に影響をおよぼす断層	A	○ 周辺には断層露頭がみられないが、存在しても規模が小さく、断層が存在するおそれがないと判断 される場合。	今後さらに調査が必要と判断した場合はAまたはCとする。
	B	○ サイトに断層露頭がみられるが、規模は小さいと判断される場合。 ○ 規模の大きな断層露頭が存在しても、サイトからかなり離れており、基礎岩盤を劣化するものではない場合。	今後さらに調査が必要と判断した場合はBまたはCとする。
	C	○ サイトを通る比較的規模の大きい断層が存在すると判断される場合。	――
山腹斜面の安定性	A	○ ほぼ安定と判断される場合。山腹斜面に地すべりや崩壊などは認められない。堆積岩の場合は“受け盤（さし目）”である。	
	B	○ やや不安定と判断される場合。山腹は風化が進んでおり、小規模な崩壊が認められる。	
	C	○ 不安定と判断される場合。山腹は風化が著しく、大規模な崩壊が認められる。堆積岩の場合は“流れ盤”である。	
基礎岩盤の状況	A	○ 岩盤は新鮮、均質で良好と判断される場合。地下構造物を前提とする地点では岩石は硬質でなければならない。	断層が存在し、岩盤が劣化しているおそれのある場合はAまたはCとする。
	B	○ 岩盤はやや劣化しているところがあるが、概して良好と判断される場合。 ○ 新鮮ではあるが不均質な場合。	断層が存在し、岩盤が劣化しているおそれのある場合はBまたはCとする。
	C	○ 風化、断層あるいは変質によって岩盤は相当劣化していると判断される場合。	――

関西電力本社の極秘資料「原子力発電所新設予定地地形地質調査」の一部

計画のあざやかな実像が現出してきた。

「立地難による関電首脳の焦りは、相当なもんでっせ。」

「当面の立地分は、高浜三、四号機。それから五年後の予定としては大飯三、四号機、久美浜の二基、日高（小浦）の二基です。もうじき、安全審査書類ができあがります。その書類は、原子力建設部の松尾次長がすべて書いている。彼は、初代の美浜発電所長ですよ。」

「社長室直轄のプロジェクト・チームの詳細は、重役以外はだれも知りません。本店八階の総務部に隣接してますが、あそこへは、社員でも近寄れませんから。」

ちょうど古墳から発掘した土器の破片を慎重につなぎあわせていくように、社員たちのこま切れの話をつないで立体化していく――。

建設部のS氏と会えたのも幸運であった。

「プロジェクト・チームは、一九八一年春、近畿四府県の原発予定地百十七地点のリストを用意しましてね。そこから『人文評価』という調査によって、『ここなら抵抗なくいけそうだ』という地点をいくつか選び出したんです。そのうち主要な十五地点の地質調査が、関電系列会社の新日本技術コンサルタント（ニュージェック）に委託された。系列？　ええ、幹部は全部関電と兼務か、天下りですよ。」

S氏によれば、関電の系列子会社やダミーは少なくないという。関電産業、近畿電気工事、関電阪急商事、関電興業、大トー、近畿コンクリート、東光精機、関西変成器工業、日本アーム工業、関電製作所、関西計器工業、園田計器工業、関電化工、関西電気商事、関西総合電算センター、昭和土地開発、関西総合環境センター……。

「だから、ニュージェックに調査させた十五地点は、だいたい十年後着工目標の地点です。それから順次、百十七地点の残る地点も浮上してきますよ。かなり先にはなるでしょうが。」

そういうS氏に、きいてみた。

「しかし、あの調査の〝適地性評価〟では、ただ一ヵ所しか『A』として合格していませんよ。」

即座にS氏がいう。

「あれは、あくまで一つの参考にすぎないんです。どだい、建設部は地質なんて、頭から問題にしとらんですよ。それより重要なのは『人文評価』です。」

人文評価？

「ええ。この仕事は本店内でもマル秘で、プロジェクト・チームと建設部、それに総合地域対策室の一部しか知らんでしょう。要するに、その周辺地域の政治勢力、経済状況の調査ですよ。立地には、この人文評価が最優先です。」

人文評価の中身は、その地域の共産党支部や議員の有無、民主団体、労組の状況。各種選挙の得票データ。地方議会の勢力分野。人口動態、産業構造と動態、所得額の推移。地誌、町史など歴史資料、祭や行事。住民意識、テレビ視聴率と高視聴番組。住民の購読紙誌。さらに部落別にみた支配構図と特徴……など、地域と住民全般にわたるという。

「電気代の集金やメーターの検針にくるオッチャンがいますやろ。たいていは下請けの職員やけど、あれも地域調査には一役買わされとります。たとえば、その家の宗教、購読紙誌、家族の特徴、年寄りや病人の有無なんか、ちゃんと見て帰っとるんですわ。ときには、わざと『電気代が上がった』とか『原発事故や放射能もれ』を話題にして家人の反応を見たり、ね。ちゃんとマニュアルがあるんですよ。」こうした人文評価によって、御しやすい順番から立地がきまるという。

関電協力員

立地点がきまると、先のような地形地質調査が始まる。同時にまた、ダミー不動産会社による土地取得、自治体の有力者の買収と打診がはじまる。併行して、漁協や区長会、農協などに「関電協力員」なる協力者を内密に組織しはじめるという。

「地質の適地性評価は、それが立地を左右するのやない。安全審査でつっつかれない書類を作るためのデータや。実際、断層があろうと、地質が不均質だろうと、原発は建っている。それよりも、プロジェクト・チームにとっては『人文評価』です。たとえば京都府には、舞鶴から久美浜まで、約三十の漁協があるが、ここには、もう数年前から『関電協力員』が配置されていますよ。」

彼らは、指図した通り、忠実に情報を送り出してくるプロジェクト・チームや地域対策室の〝触角〟の役割を果しているという。

宮津原発

先の十五地点の中には、事前に記者がつかんでいた「情報」の宮津原発も、日高原発も入ってはいなかった。なぜか。

「そらそうですがな。日高や宮津地点は、久美浜地点とともに、とうの昔に調査ずみです。とくに京都は手のこんだ方法がとられとりますよってね。浪速万才風にいうと、♪火発のようやが火発やない。原発のようやが原発やない。それはなにかと問うたれば、あれはエネ研、エネ研……。

ね、わかりまっしゃろ。京都の場合は特別重視しとるよって、こんな回りくどいやり方をしますのや。」

S氏は、おどけて笑ってみせた。すると百十七地点とは、どんな地点だったのか。

「さ、それや。とくに福井では入江という入江はみな入ってる。京都の丹後半島にも伊根、間人《たいざ》など五、六ヵ所レイアウトがある。栗田半島の田井地点もそうです。それから日高（小浦）地点やが、地質がとくにひどい。予定通り小浦で進むかどうか。ともあれ、百十七地点は、全部生きてる。おいおいと、対象にあがってきまっせ。」

それが本当なら、近畿の日本海沿岸と、紀伊半島沿岸は原発の超過密地域になるわけだ。いったい、電力会社はどんな基準で立地点を選定しているのだろうか。

「要は、海に面していて、港が造れ、キャッチメント・エリア（背後地に山があること）があり、人家が少なければ、どこでもよいわけです。」

それにしても、大がかりな地形地質調査となれば、いくらひそかにおこなわれるといっても、住民に感づかれるのではないか。

「それは心配おへんな。ピッケルもった登山帽姿の物好きな学生が二、三人、ハイキングにきよったぐらいにしか、地元の人間は思わんでしょうな。」

一地点につき六〜八人が、地区を分担して二人一組で行動するという。夜は民宿や旅館に泊まり、白地図を開いて断層の調査データや採取した石の分布などを検討し、書きこんでいく。それは、文字通り原発立地調査の〝隠密部隊〟である。十五地点の調査はニュージェックに委託されたが、これより早い久美沢、高浜、日高（小浦）地点は、三菱系列のダイヤ・コンサルタント（本社は東京・池袋、光文社ビル）が請け負ったという。

スクープ

「今夜、ここで初めて発表することですが、『赤旗』の調査によれば、京都府の久美浜だけでなく、宮津市、舞鶴市にも、また、福井、兵庫、和歌山など近畿一帯で、世界にも前例のない大がかりな原発密集立地準備が極秘裡にすすんでいます。」

共産党の不破哲三書記局長（当時）が、一九八二年三月十八日、京都府知事選の応援演説のなかで初めて明らかにした。聴衆のあいだにどよめきが走った。

不破氏は、財界と関西の府県当局がまとめた『近畿産業ビジョン』にふれ、「これによると、昭和六十五年度（一九九〇年度）までに関電の原子力発電の規模を、昭和五十三年度（一九七八年度）の水準の四倍にすることをきめている。現在の数字にひき直すと、今日の発電量の約三倍ということです。いま福井は、発電能力六百万ＫＷをこえる、世界でもっとも集中立地した原発地帯となっていますが、この二倍もの規模の発電所を関西各地に作らねばならない。海岸には限りがあるわけですから、京都、

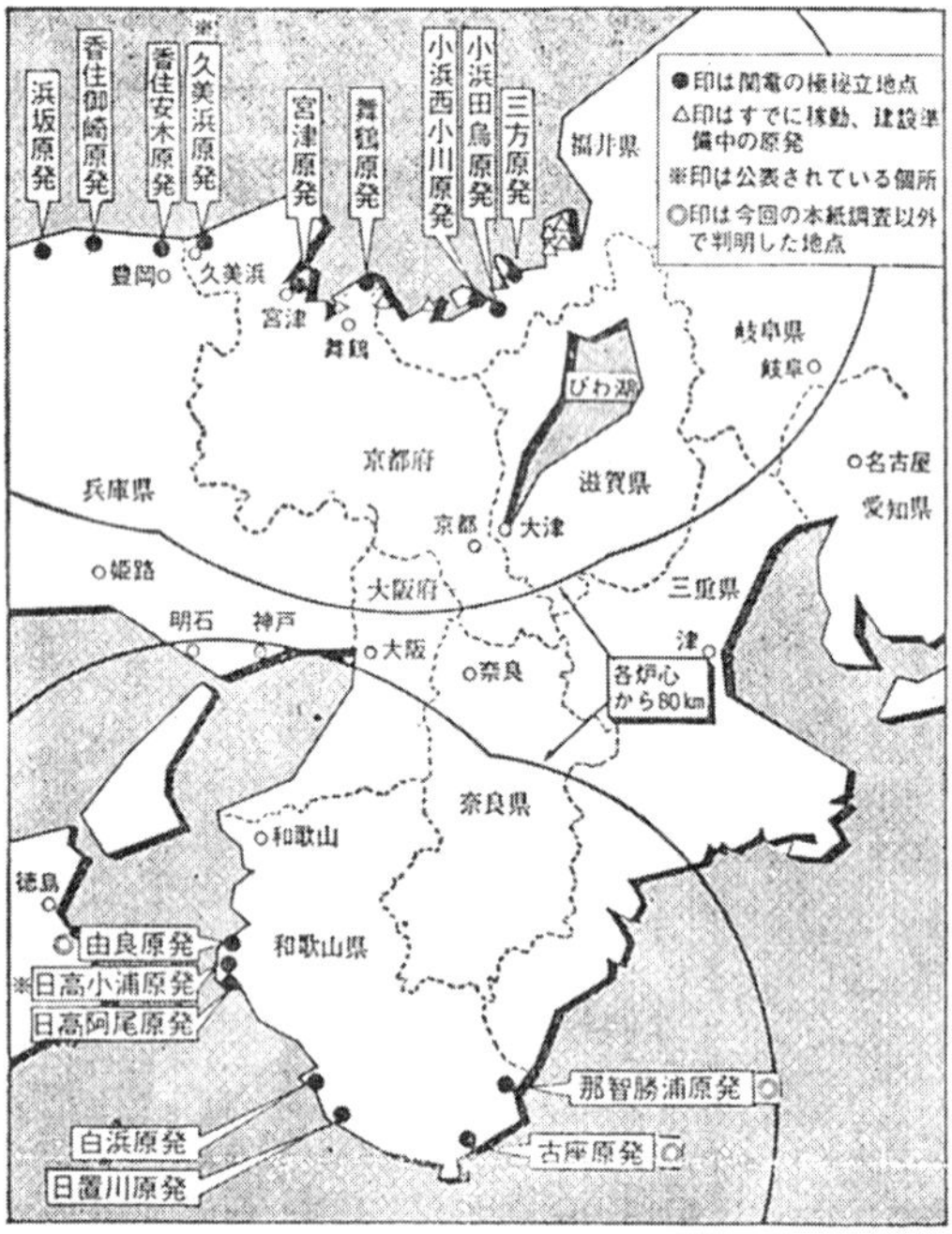

関西電力の原発立地予定の全容

福井の日本海岸、兵庫の日本海岸、和歌山の沿岸などが、当然ねらわれる。そうなると、二千万の人口が集中している関西地方が、ぐるりをすっかり原発でとり囲まれるという、恐ろしいことになるわけです。これは、もはや紙の上の数字だけの計画ではありません。少なくとも実行準備段階に入っているのです。」

彼は、さらに力をいれた。

「あの敦賀の原発事故のとき、大損害をうけた福井県の漁民は、〝こんなことなら原発を認めるんじゃなかった〟と臍《ほぞ》をかんだそうですが、この原発計画が実行されたら、せっかく関西有数の地位を築き上げてきた京都の漁業が大打撃をうけることは明瞭であります。それだけではありません。一昨年、私が国会で追及したことですが、原発の本家であるアメリカでは、原発に事故はつきものと割りきって、原発を建てるときは、必ずはじめから災害時の対策を用意する、ということがきめられている。」

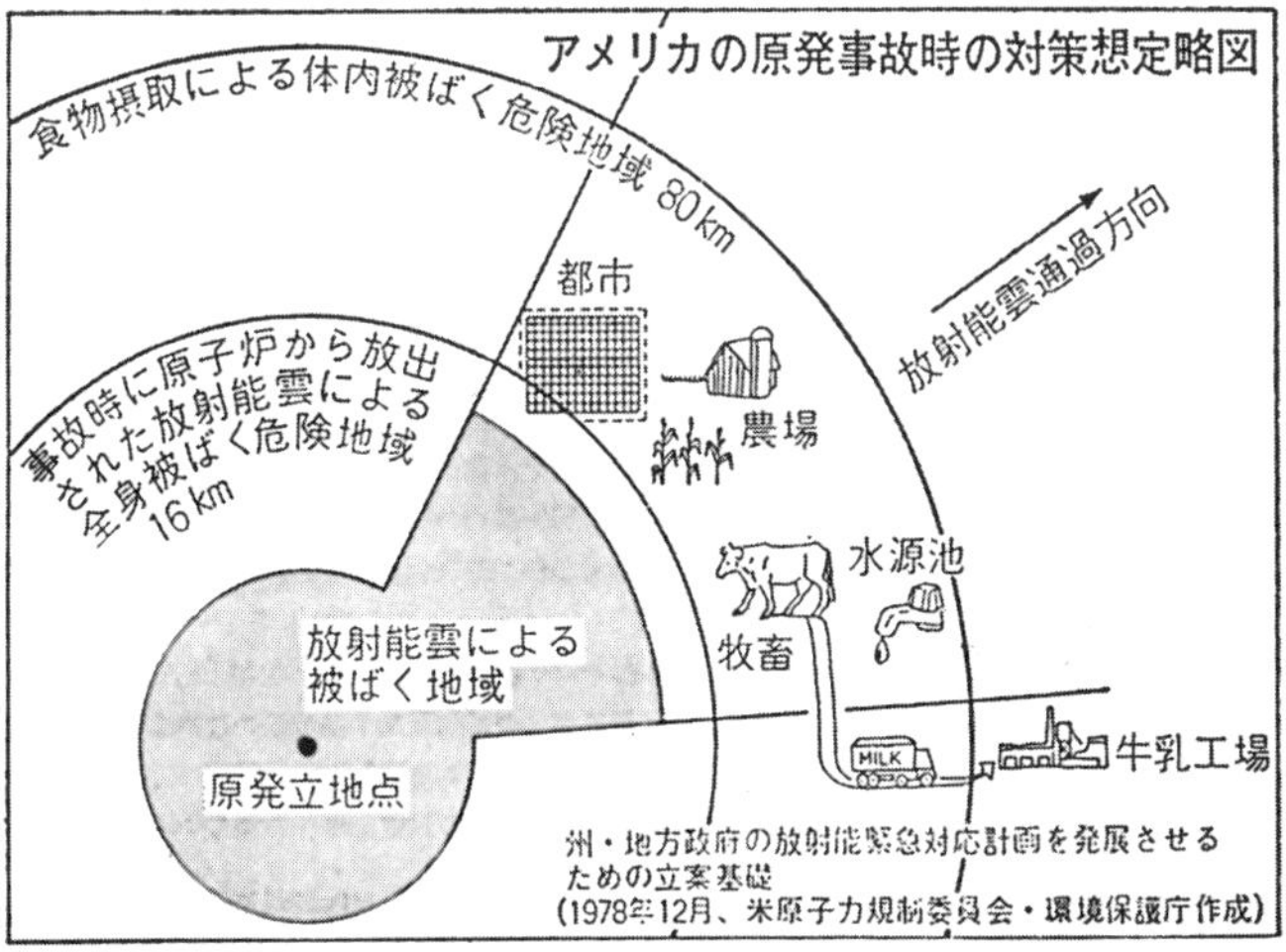

実例にあげたのは、一九七八年十二月に米原子力規制委員会と環境保護庁が作った対策規準であった。それは、炉心から半径十六キロ地域は、事故のさい、放射能の害が直接人を襲う危険があり、さらに八十キロ地域は水源や食糧が汚染されるおそれがあるとしている。

「こんどの関電の計画ですと、人口十万の舞鶴や人口三万の宮津が、すっぽり十六キロの圏のなかに入る。それればかりか、京都市を含め京都府の全域が八十キロの円内にふくまれる。日本の百万都市で、こんなに近くに原発が、それも多数つくられているところは京都以外にないし、世界でも例のないことです。」不破演説は、関西はもちろん、全国に衝撃を広げた。

全容

明らかになった広域原発立地計画の全容を整理してみよう。

1、一九八一年六月、関電内に社長室直轄の「立地推進プロジェクト・チーム」設置。ここで今後の着工目標地点として、京都、福井、兵庫、和歌山の一府三県に百十七地点をリスト・アップ。

2、百十七地点について、プロジェクト・チームが「人文調査」をおこなった。これにもとづいて当面、地質地盤調査をつぎの十五地点にしぼった。

・福井県＝食見、奈胡崎・小浜、西小川、双児島、袖崎の五地点
・京都府＝野原、白杉の二地点
・兵庫県＝安木、香住、御崎、三尾、居組の五地点
・和歌山県＝三尾川、富田川、日置川の三地点

これ以前に、このほか、京都府の田井地点（宮津市）、久美浜地点、和歌山の日高地点（二地点）などについては、すでに七七年から八一年にかけて「地形地質調査」は終了済み。

3、八一年十月、系列専門会社「新日本技術コンサルタント（ニュージェック）」に十五地点の調査を委託。この調査は、原子力発電所建設のための「適地性評価の基準」によるもので、一般目的の調査ではない。

4、八二年二月、十五地点の適地性評価の結果がまとまり、関電本店に提出された。（『原子力発電所新設予定地の地形地質調査報告書』）

5、この報告を一つの〝参考〟にしながら、関電として十地点を選定、すでに調査決定済みの四地点にあわせると、つぎの十四地点が当面の原子力発電所建設予定地となる。

・福井県＝食見地点（三方郡）、奈胡崎・小浜地点（田烏・小浜市）、西小川地点（小浜市）
・京都府＝蒲井地点（久美浜町）、田井地点（宮津市）、野原地点（舞鶴市）

・兵庫県＝安木地点（香住町）、御崎地点（香住町）、居組地点（浜坂町）
・和歌山県＝小浦地点（日高町）、阿尾地点（日高町）、富田川地点（白浜町）、三尾川地点（由良町）、日置川地点（日置川町）

記者会見

四月一日の夕刻、京都府庁では藤田恒久関電京都支店長による記者会見がおこなわれていた。会見には、なぜか京都府企画管理部の白兼保彦企画調整室長が並んで出席していた。

「……宮津、舞鶴など、かような原子力発電所立地計画は、私ども存知いたしておりません……」

しどろもどろで語る藤田支店長に、記者たちの矢継ばやの質問がとんだ。

「プロジェクト・チームの存在は認めるのか」「宮津、舞鶴の立地計画は将来的にもありえないのか」

……藤田支店長が答えに窮するたびに、聞かれもしないのに白兼氏が隣りから助け舟を出すありさま。

「いったい、どこの記者会見だ。」「要請もしてないのに同席は困るよ。」記者たちに指摘をうけながらも、白兼氏は最後まで退席せずに居坐った。

翌四月二日、記者会見した不破氏は「関西電力の広域原発計画の危険性と国民の安全を守る二つの緊急提案」を発表した。「今回の関電の立地計画のおどろくべきことは、第一に、二千万人の人口が密集している関西地方を、巨大な原発基地群で至近距離で包囲する計画が、一企業の計画として平然とたてられているところにある」として、米原子力規制委員会と環境保護庁が作った災害基準を示し、

「もし関電の今回の計画通りの原発建設がおこなわれるなら、関西地方のほとんど大部分が被曝危険地帯にふくまれることになる」と指摘した。

「第二に、『地点調査』をみればわかるが、〝適地性評価〟で三条件とも可（A）とされたのは、十五地点中、兵庫県の香住地点だけで、他はそれぞれ困難条件や不安定条件が発見された地点である。ところが関電が当面の建設予定地として選んだ十地点には、香住地点は含まれず、しかも〝総合適地性評価〟が不可（C）とされた地点が四地点もふくまれている。

この事前の〝地形地質調査〟は、最後までいっさい公表されず、いよいよ申請書類作製のさいには、適当に書きかえられるのが、普通のやり方だと聞いている。こうしたやり方は、原発立地計画が、地域の受け入れ状況についての政治的調査（いわゆる「人文評価」）を最優先にし、安全性などの客観調査は二の次にしてすすめていることを物語るものである。」

こうのべた不破氏は「何千万国民の安全にかかわる広域の重大問題を、一企業と個々の市町村だけの問題として放任するわけにはゆかない」として、次の二点を緊急提案した。

「第一は、国が原発立地基準を再検討し、この面から国民の安全を保障する体制をとることである」

「日本の現行の立地基準は、住民の安全を原発集中立地の危険から守る上で全く実効性をもっていない。政府と原子力安全委員会は、ただちに原発立地基準の再検討にとりくむことを提案する。」

「第二は、自治体、とくに府県の責任の重大性である。原発の重大事故がおきたときの被害は、立地点の市町村だけにとどまらず、広範な地域におよぶ。現に、京都市をはじめ、京都府の広範な部分が福井県の一連の原発の十六キロ圏、八十キロ圏に入っている。そのために高浜原発の建設に際しては、京都府防災会議が『京都府原子力発電所防災計画』を決定し、綾部市、舞鶴市および周辺市町にも、これに対応する防災計画をつくることが義務づけられている。府県が住民の広域的な利害と安全を擁護する立場から、原発建設計画にたいし、責任ある対処を求められていることは当然である。

しかし実際には、『八〇年代の近畿地域産業ビジョン』の作成などで、関西財界と府県知事が共同して、関電の原子力発電所を四倍に増強する計画を発表するなど、住民の安全擁護を最優先すべき府県当局が、企業ベースの立地計画に無批判にひきこまれる事態がすすんでいる。これは府県当局が住民に対する責任を放棄し、事実上危険な原発集中立地計画の共犯者の位置にたつことにほかならない。関係府県当局は、企業の計画に流された現状を転換させ、危険な原発立地計画の規制に責任ある措置をとることを強く求めるものである。」時宜をえた、適切な提言であった。

ジョン・パーウェル氏との出会い

アメリカの著名なジャーナリスト、ジョン・W・パーウェル氏と会ったのは、一九八二年三月のことである。ちょうどそのころ、私は取材のために京都にいた。冬の底冷えがひどい京の春は遅い。三月下旬というのに、その日はやたらと寒かった。支局のテレファックスで送稿を終え、一息ついたとき、電話が鳴った。受話器をとった私の耳に、突然、男性の英語がとびこんできた。

「ハロー。ミスター柴野はいるか。私はジョン・パーウェルという者だが……」

私の下手くそな英会話では、やりとりがやっとだった。冷汗をかきながら、約束の時間と場所だけは、どうにか確認できた。彼は、私に「日本の原子力エネルギー開発の現実と問題点をききたい」と

ジョン・パーウェル氏（京都・柊家で）

いった。

私の胸は躍った。ジョン・W・パーウェル氏といえば、アメリカの著名な老ジャーナリストではないか。中国生まれのアメリカ人で、すでに六十歳をこしているはずだ。日中戦争さなかの一九四〇年代に、彼は父親とともに第一線ジャーナリストとして現地を取材し、マーク・ゲイン記者らとともに活躍した。五〇年代には、全米を吹き荒れた〝赤狩り〟（マッカーシー旋風）に抵抗して、長期にわたってたたかい抜いた国際的な報道人である。

約束通り私は、京都・三条の由緒ある旅館「柊《ひいらぎ》家」を訪ねた。パーウェル氏は、シルビア夫人とともに応接間に待っていてくれた。初めて、じかに会うパーウェル氏は、謙虚で物静かな口調で話す、上品な文化人という印象だ。なによりも私が安堵したのは、パーウェル氏が、日本語の堪能なアメリカ娘の通訳を伴っていたことである。

古風な応接間には大きな囲炉裏を型どった火鉢があり、けっして暖かいとはいえなかったが、彼はノートをひざに広げ、約三時間にわたって、私に根掘り葉掘り質問を浴びせ、終始真剣にメモをとった。彼の質問は、日本の原子力発電所の現状と規模、政府と企業と各党の態度、事故の問題、安全性の諸問題と下請け労働者、国民の対応など、広範囲に及んだ。私は、知りえた事実のうち、確言できるものだけを、正確に話したつもりである。

脇でシルビア夫人は、にこやかな表情で、通訳の話にあい槌をうって聞いていた。私が「敦賀原発の一連の事故隠しの直後、日本政府の高官たちは、さらに大規模な原発推進を説き、放射性廃棄物の海洋投棄にはなんの心配もいらぬ、と公言した」と話したときのことだ。

「オオ、クレイジイー。」

突然、夫人が両手を広げて叫んだ。

「イエス、ゼアラ、クレイジイ。」――私が言うと、パーウェル氏もメモしながら、うなずいた。

「きみは、原子力エネルギーの利用を認めるか。」

最後の彼の質問。私は、こう答えた。

「以上のべたように、わが国のエネルギー政策は一貫して対米追従で、とりわけ原子力開発は、惨たんたる状況である。国も行政も企業の要求にはきわめて忠実であるが、国民の暮らしと利益に対しては無責任な態度を貫いている。私は新聞記者として厳しく批判を加えたい。しかし、科学技術は本来、人類の福祉に奉仕すべきものであり、私は将来への可能性までも否定するものではない。」

柊家を出たときは、夜の十時をすぎていた。冷え込む古都の星座は、やけに美しくまばたいていた。


アメリカ・サンフランシスコに帰ったパーウェル氏から、東京の私に手紙が届いたのは五月のはじめである。

「親愛なる柴野くん。私ども夫婦は、京都であなたに会えて、本当にうれしかった。私は永年、日本の原子力エネルギーの現状と計画について関心をもち、それなりの研究もしてきました。だから余計に、あなたが長時間をさいて、多くの貴重な情報を提供してくださったことに感謝しています。

京都と奈良は、私たちにとって、とても楽しい想い出になりました。原子力の本質的な問題を別にしても、こんなにも美しい場所に、そして、大都会が密集する地帯に原発が建ち並び、工業の中心地にするようなことは恥ずべきことだと痛感しました。

このことに関して言えば、最近アメリカでは、日本よりは少しはましかと思える状況が現われてきています。米政府はこれまで、しゃにむに原子力を推進しようとしてきましたが、有力な大企業のほとんどが、いま、それを断念しはじめています。その主要な理由は、費用があまりに高くつくことと、事故の恐れが強いことです。

疑いようもなく建設が進行中の新しい原子力発電所の多く(約三十基)については、もう完成が真近いはずです。しかし、その他の計画中の原発や、部分的にしか建設がすすんでいなかった原発については、建設がとりやめになるでしょう。

最近、カリフォルニアにある有力な二つの大企業が、実用的な太陽エネルギーの開発計画に乗り出し、広大な面積の荒地を買い占めました。パシフィック・ガス・アンド・エレクトリック社——それはカリフォルニア北部の有力会社ですが、この会社もまた、つい最近、広大な〝風の農場〟(Wind farm)の建設に着手しました。そこにある崖は、ごくわずかの微風によっても高速回転するように設計された大きな翼を支える背高《せいたか》のっぽの建物でおおわれています。

さらに特徴的なことを柴野くんに報告したい。それは、もっと多くの事業や研究所が、広大で無限の活力である地熱や太陽光線、その他の自然の恵みを有効に利用しようと努力していることです。もちろん、このことは私たちの国にとっては、君の国に比べれば、より容易なことです。なぜなら、アメリカには、いまだに使用されていない広大な土地が、いくらでもあるからです。

でも、柴野くん。それでも私は、やっぱりこう考えるのです。日本は、選ぶべきエネルギー――太陽、風、地熱、そしてバイオマスなどを、もっともっと利用することが可能なはずだ、とね。もし、君の仕事に役立つなら、人類が選ぶべきこれらのエネルギーについての事実や資料をお送りしましょう。ぜひ、返事をください。それから、君のすぐれた仕事が、さらに実を結びますように。そして、できることなら、君が私たちのところへやってきて、君自身の目で、それを見ることをすすめます。

もう一度、滞日中の私たちへの君の思いやりと援助に、ありがとうをいいます。敬具」

私は、辞書を片手に感動しながら手紙を読み終えた。

付録一『原発のある風景』（一九八三年）によせて

スクープの柴野君

飯沢　匡（劇作家）

柴野君とは、この十一年来の知己であるが、仕事熱心な人と思っていた。

ところが、その記者魂が原発事故や労働者の実態告発ということで火を噴いた。

彼が大スクープをやってのけたと聞いて、私は彼ならやるだろうと思った。

彼が火蓋を切ったのをきっかけにして、原発の実状が全国の論議になり、見直しが急進展したのは、みなさんも御承知の通りである。

私は、アメリカ映画「チャイナ・シンドローム」を見て、日本にも必ずこのようなことが、と思っていたら、柴野君はあのジェーン・フォンダがやった役と同じ役目をやっていたことになる。

あちらは、フィクションだったが、こっちは事実なのだから困る。柴野君の告発がなかったら、と思うと、ゾッとするばかりである。原発だけでなく、この国には、まだまだ隠された大きな犯罪がある。柴野君のつぎのスクープは何かと、大いに期待しているところである。

現代を生きる人たちへ警告

森村誠一（作家）

原子力開発は機械文明が鍛造した両刃の剣である。核エネルギーの平和利用と軍事利用は常に背中合わせである。エネルギー革命の立役者たる原発はどこまで安全か。原発についてまわる放射性廃棄物の処理はどうなっているのか。世界唯一の被爆国民たる我々は核アレルギー体質でありながら、実は原子力開発についてほとんどなにも知っていない。原発即原爆と考えている人も少なくない。世界第三の原発国として、原子力開発はいまや〝国策〟であり、それをめぐって政治、経済、科学、外交各界の野望が渦巻き、うごめき合う。

本書の著者は、原発ジプシーの実態、敦賀原発の事故隠し、関西広域原発の立地計画などを次々に暴いて、原子力産業界の心胆を寒からしめた。執拗な執念をもって対象に肉迫し、日本ジャーナリスト会議奨励賞を受賞した原発記者が、我が国原子力開発の現実の姿を克明に捉えて描いた。これは爛熟した物質文明社会に生きるわれわれに対する警告と啓蒙の書である。

雑巾とバケツ——わが亡きあとに洪水よきたれ

中島篤之助（日本学術会議会員・理学博士）

昨年（一九八一年）日本原電の敦賀原発で一連の事故隠しが発覚した時のことである。通路に溢れ出た放射能を含んだ水を、雑巾とバケツで始末をしたことが報道され、市民を驚かせた。何故驚いたかと言えば、多額の広報費を使って行なわれている政府や電力企業の原発イメージと、全くそぐわないものであったからである。

近代技術の粋を集め、隅から隅まで安全に出来ている筈なのが原発であって、溢れ出た水などはたちどころに自動的に吸い取られるのでなければならない。そこへ突如として、市民生活に馴染み深いバケツと雑巾が登場し、虚像は崩壊する。しかし、これほどまでに原発は物神化されていたのである。柴野氏のルポ「原発のある風景」は原発を軸として人々の生活が破壊され、人心が荒廃し、教育が歪み、地方自治が崩壊してゆく状況を克明に描いている。そのことによって、原発の虚像のベールは仮借なくはぎとられてゆく。とりわけいつも雑巾とバケツ式の仕事ばかりを押しつけられている下請け労働者と、その信じられない程の非近代的労務制度が、鋭く告発されている。

一口に言ってしまえば、自民党の金権腐敗政治の実状が生き生きと暴露されているのである。「わが亡きあとに洪水よきたれ」というマルクスの有名な言葉がしきりに思い出された。利潤のためには手段を選ばない〝資本の論理〟を貫徹させてはならないであろう。輝やかしい核エネルギーの発見も、資本の利潤のために、現状は泥まみれにされてしまっているのである。

付録二　原発についてさらに知るための十一章

原発のしくみ

原子力発電のしくみを、大ざっぱに飲みこんでおこう。原理は、いたって簡単だ。（二三三頁図参照）要は、巨大なヤカンで蒸気を作ってタービン発電機を回すだけのことである。火力発電と原発の異なるところは、一方が石油、石炭、液化ガスなどを燃やして蒸気を作るのに対し、他方は、核燃料を核分裂させて熱を作ることである。ここから放射能という原発特有の問題が発生する。

巨大な鉄筋コンクリート製のサイコロか、茶筒のようなドームが原子炉建屋である。この中に原子炉格納容器があり、その中心にある鋼鉄製の圧力容器が原子炉本体だ。原子炉には、真水《まみず》がたっぷりつまっている。冷却水と呼ばれる。この水の中にウラン燃料棒の束がセットされている。燃料棒同士をさえぎる制御棒という板を引き抜くと、ウランの核分裂がはじまり、高熱が生じる。逆に制御棒を入れると、運転はとまる。核分裂によって生じた熱で、炉内の冷却水は蒸気になり、タービン建屋に送られて、タービン（羽根車）と発電機を回す。

このあと蒸気は、復水器の中で海水に冷やされて水となり、給水加熱器で炉内に近い温度に加熱され、ふたたび原子炉に戻る。冷却水は、この循環を繰り返すわけである。復水器を通過して、蒸気を冷やした海水は、温排水となって海に放流される。（熱の三分の二は、海へ捨てている）これが、**軽水炉型原発**の大ざっぱなしくみである。

単に電力を作るだけなら、これでいいが、実際の原子力発電所の運転・維持は、これで完結しない。

第一に、事故の多発と、それに伴う**放射線被曝**の問題がある。原子炉、配管、燃料被覆管、蒸気発生器細管……など、あらゆる機器が、高い放射線を浴び、もろくなる。どの原発でも例外なく、応力腐触割れ、ぜい弱化、減肉現象、ヒビ割れ……などの事故があいついでいるのはこのためであり、現代の技術は、それを克服していない。また原子炉技術それ自体も、自動車や航空機のような安全水準に到達していないのが現状である。このため、事故、故障、定期点検のたびに、大量の作業員が放射能被曝の危険を余儀なくされている。

第二は、使用済核燃料の問題だ。軽水炉で使い終わった核燃料棒は、水を張ったプールに沈めて一定期間冷やされ、やがて冷却装置のついた特殊な容器(キャスク)で再処理工場へ運ばれる。燃料棒は、ジルカロイという特殊な合金でできた薄い被覆管に包まれている。

使用済核燃料棒のなかには、燃え残ったウラン、核分裂生成物(死の灰)、誕生したプルトニウムなどが、混ざり合って閉じこめられている。再処理工場は、この燃料棒を断裁し、この三つをそれぞれ分離して取り出す化学工場である。したがって、ここでの放射能汚染の危険度は発電所の比ではなく、ケタ外れに大きい。プルトニウムは、一定の濃度(質量)をこえると、「臨界事故」という核分裂の連鎖反応を起こす危険もある。半減期二万四千年という長寿命の放射性物質であるプルトニウムは、少量でも、そのまま核兵器の材料となりうることも忘れることはできない。

第三の難問は、放射性廃棄物の処理である。原子力発電や再処理の各過程で、気体、液体、固体のさまざまな放射性廃棄物が派生する。

放射性気体はフィルターでろ過して空へ放流。液体は濃縮してドラム缶につめる。一部は〝アメリカン・コーヒー〟のようにうすめて海に流している。固体は、燃えるものは焼却し、圧縮してドラム缶につめる。これ

沸とう水型軽水炉(BWR)

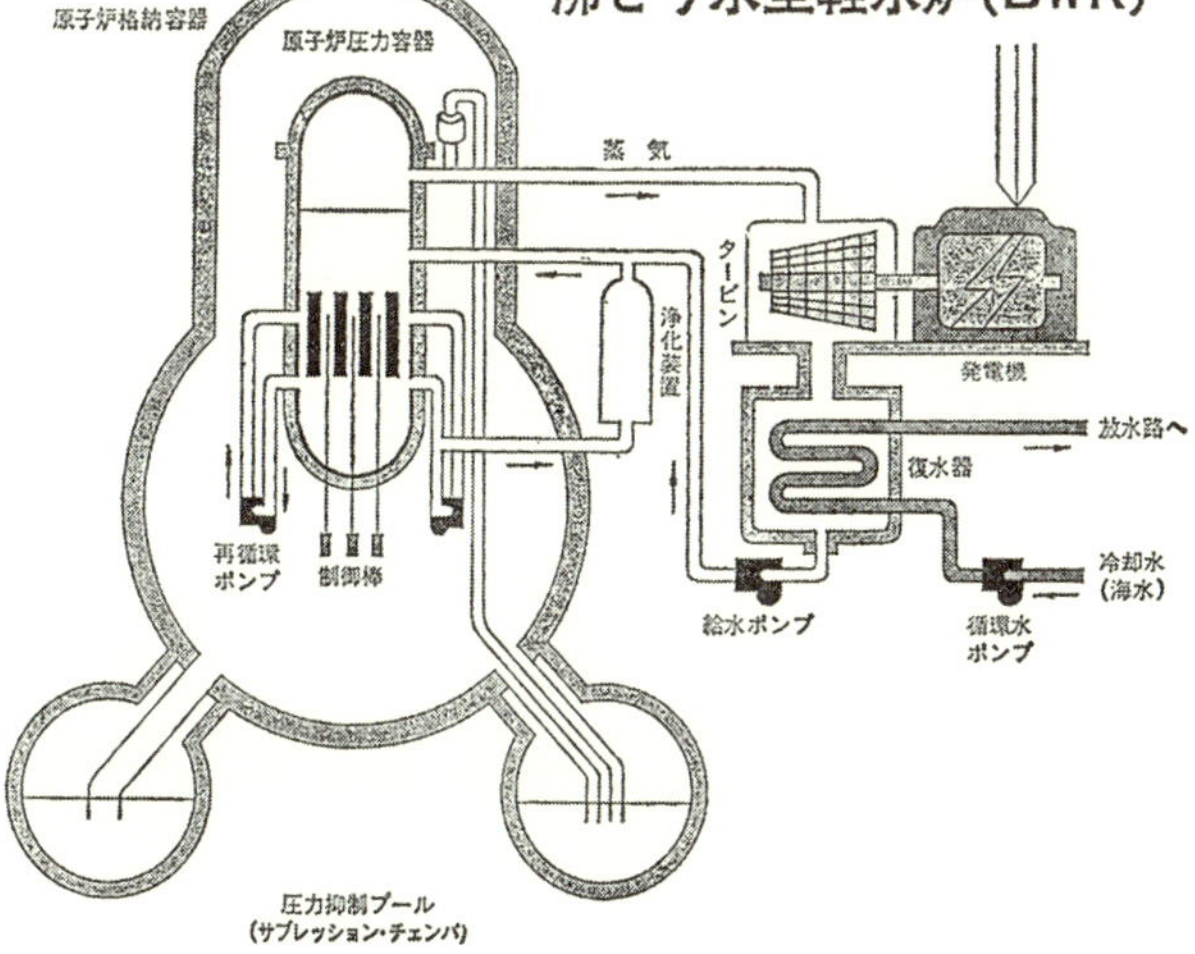

加圧水型軽水炉(PWR)

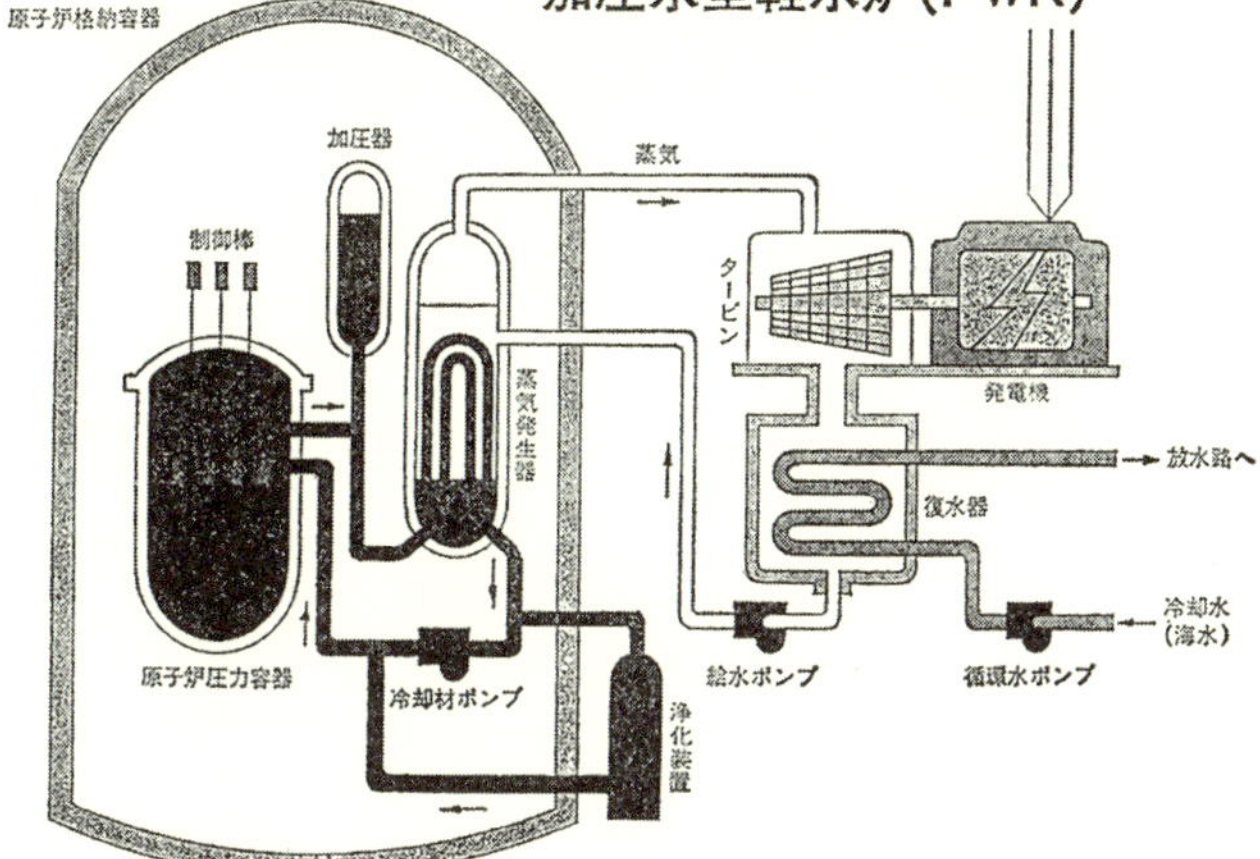

らの処理をするのが放射性廃棄物建屋（ラド・ウェスト）である。このほか、寿命の尽きた原子炉（廃炉）など、巨大な放射性廃棄物については、国際的にも、まだ技術的見通しさえついていない現状である。

放射性廃棄物には、高レベルのものと低レベルのものが区別される。**高レベル廃棄物**は、数千年あるいは数万年にわたって、外界に漏れないよう厳重に管理されねばならない。高い放射能の崩壊熱が放出されるので、常に冷却しつづけねばならない。地中や海中に投棄することは、まったく不可能である。一方、**低レベル放射性廃棄物**ドラム缶は、毎日、膨大な量が増え続けている。一九五九年七月にＩＣＲＰ（国際放射線防護委員会）の勧告で地下への埋め捨てが否定されて海洋投棄への志向が強まった。日本は一九五五年から六九年の間にドラム缶一六六一本を太平洋に投棄。しかし、太平洋の島々の住民の強い反対と国際世論のため困難となり、断念せざるを得なくなった。それには、アメリカが捨てたドラム缶が腐食・破損して、近くの汚泥から高濃度のプルトニウムが発見されたという背景もある。

その間も原発は次々と新設され、各原発の倉庫にはドラム缶が増えている。一〇〇万キロワットの原発は毎日三キログラムのウランを消費し、三キログラムの「死の灰」の塊である「使用済み核燃料」がたまる。ドラム缶約一〇〇〇本の低レベル廃棄物が発生する計算になる。これは広島型原爆一〇〇発分を超す「死の灰」である。

一九八六年五月、チェルノブイリ事故の直後の強行採決で、原子炉等規制法が「改正」された。これにより、廃棄物を扱う業者は電力会社から切り離され、電力会社などが出資して作った日本原燃産業株式会社（当時はそのほかに一社）に移され、電力会社は発生者責任から免れることになった。

その後、各原発から集められたドラム缶は、核燃料サイクル基地とされた六ヶ所村に集められ、集中処分＝埋め捨てされることになった。

どの国もまだ、これらの厄介な放射性廃棄物の処理の名案をもっていない。原子力発電が〝トイレなきマンション〟と呼ばれるのは、このためだ。

原発の種類は？

軽水炉　冷却材、減速材に軽水（ふつうの水）を使う原子炉。原子炉の冷却水を蒸気にして、そのままタービンを回す**沸騰水型**と、原子炉での冷却水（一次系）の熱を二次系に伝えて、水の回路を区別した**加圧水型**の二種がある。いずれも、約三％に濃縮した酸化ウランを燃料とし核分裂を起こして熱を得る。日本で稼働中の原発は、東海1号機以外は、アメリカで設計された軽水炉である。これは原潜用に設計されていた原子炉を急遽、スケールアップしたものだった。

高温ガス炉　これは英国が早くから開発した。東海1号炉として導入されたコールダーホール炉も、その一つである。この炉は、当初から発電と軍事用プルトニウム生産の二つの目的で作られた。燃料には天然ウラン。減速材には黒鉛。冷却材には二酸化炭素（炭酸ガス）を使う。炉心の核分裂で生じた熱は、二酸化炭素に伝えられ、その熱が熱交換器で水を蒸気にし、タービンを回す。西独でも、独自の設計にもとづく高温ガス炉を開発している。

重水炉　カナダで開発された重水炉（キャンドゥ炉）が典型的なものである。これは核燃料に天然ウランを使い、濃縮を必要とせず、燃料の利用効率が高い。キャンドゥ炉は、カナダ型重水減速天然ウラン炉の略。その特徴は、軽水炉のような圧力容器を使わず、圧力管を使っているため、運転中にも燃料をとりかえることができる点だ。減速材、一次冷却材には重水（重水素を成分とする水。これに対し、ふつうの水を軽水という）が使われる。炉心からの熱は、加圧水型軽水炉と同様、熱交換器を通して間接サイクルで行なわれる。

新型転換炉（ATR） 日本で開発中のATRに、動燃事業団の「ふげん」がある。「ふげん」は重水を減速に使い、沸騰軽水で熱を取り出す方式の原子炉で、キャンドゥ炉にも似ている。キャンドゥ炉と異なるのは、天然ウランだけを燃料とするキャンドゥ炉にたいし、「ふげん」は濃縮ウラン、またはプルトニウムを燃料とする点だ。

図のように、原子炉本体はカランドリア・タンクと呼ばれる重水容器、圧力管、燃料、遮蔽体などからなる。圧力管はカランドリア管に入れられ、燃料は圧力管のなかにあり、炉心下部から流入する軽水により冷却される。冷却水は炉内で沸騰し、蒸気がタービンを回す。

数千億円にのぼる国費を投入して作られた動燃事業団の「ふげん」だが、その運転も順調とはいえない。電力業界は、高速増殖炉の開発に熱心で、一貫してATRに消極的だ。積極的なのは機器メーカーである。「ふげん」は、日本の自主技術開発の姿勢を曲がりなりにも示したことにはなるだろうが、メーカーもまた外国技術の軽水炉導入に必死の実情であり、「政府の〝自主技術開発〟とは、あまりに対米一辺倒な原子力開発路線をかくす〝イチジクの葉〟に過ぎぬ」という学者もいる。

高速増殖炉（FBR） 「燃やした核燃料よりも多くの新しい核燃料を生み出す〝夢の原子炉〟」と宣伝されたのが、高速増殖炉である。しかし〝打出の小槌〟ではないので、無から有が生じるわけではない。原子炉のなかで核分裂を起こすウラン235やプルトニウム239が消費される量よりも、普通は燃えないウラン238が中性子を吸収してプルトニウム239に変身する量の方が多い（増殖）ということだ。

新型転換炉(ATR)/(原型炉「ふげん」)

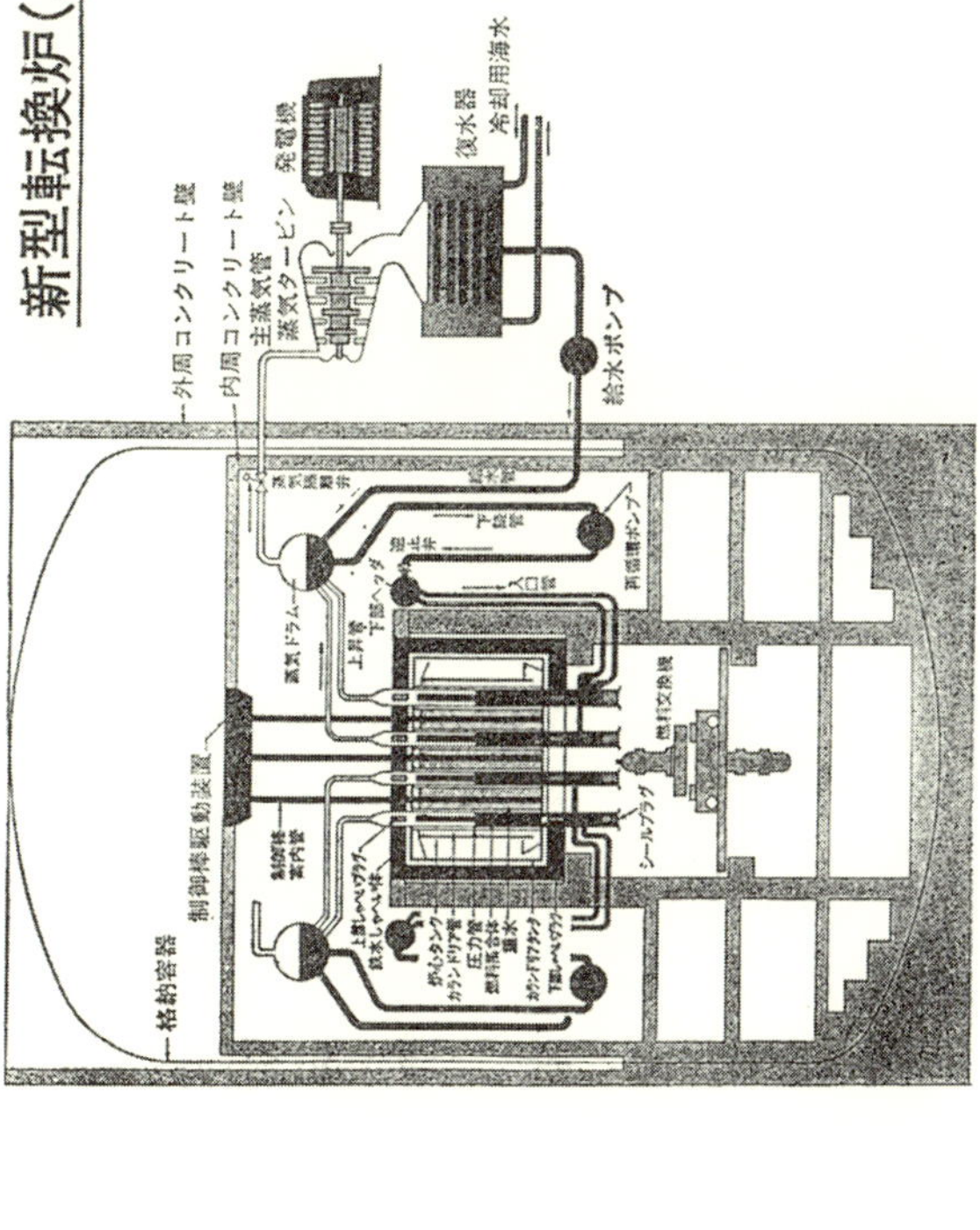

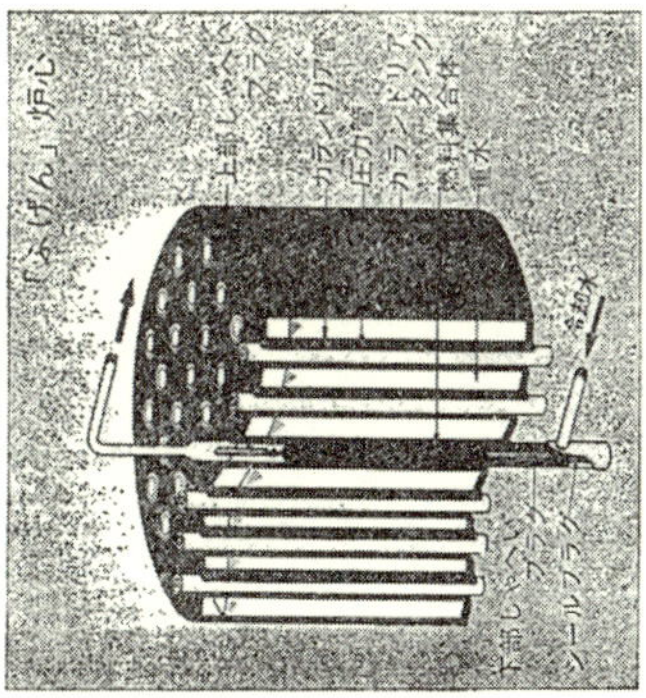

そのため中性子の速さを減速しないで高速のまま核分裂の連鎖反応に利用するので「高速増殖炉」という。そこで冷却材には減速効果の大きい軽水は使えないので、金属ナトリウムが使われる。減速材のない高速炉とは、いわば、原子爆弾をゆっくり燃やすのと同じことである。

高い出力密度の炉心で使われる熱伝達特性がよく、減速作用のない金属ナトリウムは、反面、やっかいな性質をもっている。ナトリウムは水にふれると爆発を起こす。燃料にはプルトニウムを使うが、燃料加工はウラン燃料とは比較にならぬほど危険で、複雑かつ経費のかかる工程を必要とする。

日本の高速増殖炉は、動燃事業団が実験炉「常陽」（茨城・大洗町、熱出力五万キロワット）、原型炉「もんじゅ」（出力三十万キロワット、福井・敦賀市白木に準備中）をナショナル・プロジェクトとして進行させている。「常陽」では百四十キログラムのプルトニウムが、「もんじゅ」では一・三トンが装荷される。液体ナトリウムは「常陽」でも毎時千百トンの流量の二系統ループ、容積で三百立方メートルにもなる。高速炉の危険性が恐るべきものであることが容易に想像できよう。技術的にも、経済的にも克服すべき課題は、あまりにも多い。

核融合炉　従来の原子炉がウランの核分裂によって熱エネルギーを得るのと反対に、核融合による〝ミニ太陽〟と呼ばれるのが核融合炉である。燃料には、水素の同位元素である重水素や三重水素などを使う。これを約一億度Cという高温に熱し、プラズマ状態に保って原子核同士を衝突・結合させるという原理だ。これによって放出されるエネルギーは、核分裂の数倍にもおよぶ強大なものだといわれる。しかも、この燃料は限りあるウランとちがって無限に存在する。重水素は水を分解することで得られるし、三重水素の原料となるリチウムも地球上には豊富にある。

高速増殖炉(FBR)/(原型炉「もんじゅ」)

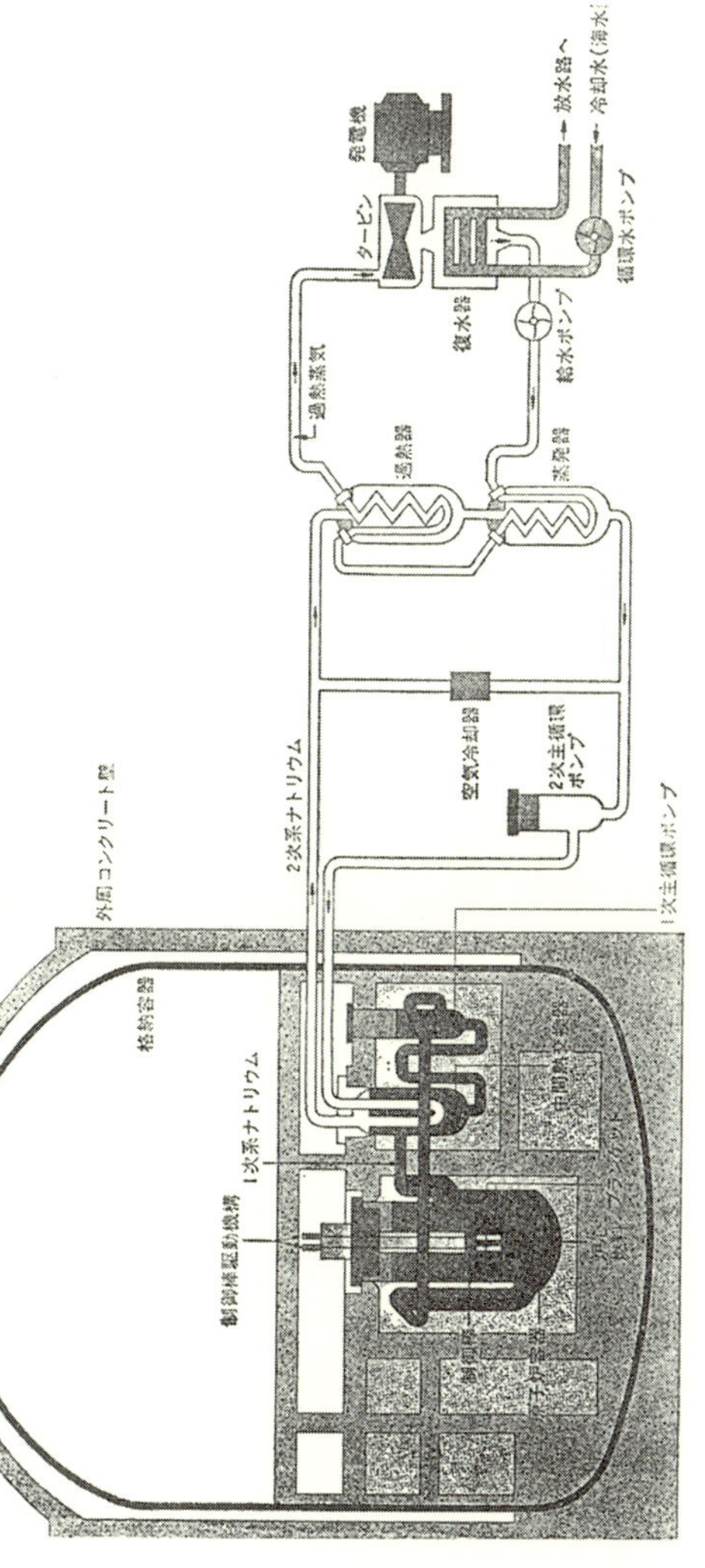

平和利用三原則――自主・民主・公開

学術会議は一九五四年四月、「原子力に関する平和声明」を決議し、原子力の研究・利用・開発は〝自主・民主・公開〟の三原則が十二分に守られる条件のもとでのみすすめられねばならぬと声明した。また内閣総理大臣に対しても、七項目の申入れが行なわれた。

原子力の研究・利用・開発については、

①あくまでも平和目的に限定し、軍事利用に導くおそれのあるものの介入は、絶対にこれを排除すること。

②もっぱら国民の福祉の増進、わが国の経済自立への寄与を目的とすること。

③その成果に関する重要な事項は、すべて国民がこれを知ることができるように、公開されること。

④あくまで民主的な運営のもとに自主的におこなわれ、安易な外国への依存は、これを避けること。

⑤関係機関の要員については、日本国憲法によって保障された基本的人権を、とくに十分尊重すること。

⑥それに伴う放射能による障害に対する対策、とくにその予防のために、あらかじめ万全の措置を講ずること。

⑦核分裂性物質は、国民の利益のために、厳重に管理されるべきこと。

これは最小限の〝歯止め〟だった。一九五五年十二月、ようやくこれら三原則を盛りこんだ「原子力基本法」をはじめ、「原子力委員会設置法」「原子力局設置に関する法律」など原子力三法が成立した。だが、三原則をとり入れた「基本法」の精神は、いまや完全な空《から》文句となりつつある。

軍事と背中あわせの欠陥商品

「小型の核爆弾は、プルトニウムで十キログラム、高濃縮ウランなら、二十キログラムもあれば十分、高校生程度の知識で製造が可能だ。」（米国の原子力科学者）

米エネルギー省（DOE）のレポートによれば、世界で潜在的に核兵器の製造が可能な国は、三十ヵ国にも。うち「日本と台湾は三年以内、韓国とパキスタンは四年以内に、その旨の決定が可能だ」という。専門家によれば、「どのような核燃料サイクルを用いるにせよ、その中の核燃料物質は核兵器への転用が可能である」という。米フォード財団は「原発の使用済核燃料の再処理、プルトニウム抽出の最大のリスク（危険）は、核拡散による軍事への転用、核武装と、テロリストの襲撃、悪用にある」と警告している。原子力の平和利用と軍事利用を、はっきりと別々に切り離すことは不可能である。どの国の例を見ても、原子力産業の主流は百パーセント、軍事産業である。

〝安上がりで安全でクリーンなエネルギー〟と宣伝されてきたが、原子力発電に要する核燃料の生産の道すじ――ウラン濃縮、使用済核燃料の再処理は、そのまま核兵器生産とつながっている。〝平和利用〟といわれる原発も、その技術は軍事的な核兵器製造のための技術をもとにしたものにほかならない。日本で稼動している原発――軽水炉も、もとはといえば、米海軍の原潜の動力炉が改造されたものである。東海1号炉（コールダーホール炉）も英国の核兵器用プルトニウム製造炉であった。

原発の核燃料を生産するウラン濃縮施設は、そのまま核弾頭や原潜用の高濃縮ウランを作りうる。稼動中の原発はまた、核兵器の材料であるプルトニウム生産炉でもある。百万キロワットの原発は、一年間稼動すれば、その使用済燃料から約二百キログラムのプルトニウムを作り出す。このプルトニウムを取り出すのが再処理工場である。(ただし再処理技術は未確立であり、完全に稼動している再処理工場は世界にもない)

プルトニウムは、ふたたび原発の燃料にもなりうるが、核兵器にもなりうる。二百キログラムのプルトニウムは、長崎に投下された原爆をゆうに二十発以上も作れる。発電炉だといっても、核兵器と無関係ではなく、兵器生産に利用される可能性は、つねに存在している。

軍事的要請で開発されてきた原子力技術は宿命として、安全性は二の次、三の次になっている。その延長線上にある原子力発電は、現在はまだ研究・試験の段階を抜け出してはいない。

原子炉は、まだ未完成技術だというべきであろう。各地の原発で故障や事故があいつぎ、その原因さえわからず、安全性さえおぼつかないのは、そのためである。

事故つづきの原発は、〝欠陥商品〟と呼ぶべきであろう。技術的に未完成な欠陥商品が、堂々とまかり通って、国際的な商売が成り立っているところにこそ、現在の原子力開発の異常さがあるといわねばなるまい。ちなみに、現在日本における原発一基の総建設費は約五千億円である。

原子力産業五グループ

旧財閥系五大グループが原子力をめぐって再編を開始したのは、一九五三年ごろからである。それまで核兵器、原潜など兵器開発に目を奪われていたアメリカは、発電など平和利用については、ソ連、英国に完全に引き離されてしまった。

五三年のソ連の水爆実験で、アメリカの核独占は終わりを告げた。米アイゼンハワー大統領は、この年の十二月、突如国連総会で「アトムズ・フォア・ピース」をぶち上げた。米国の路線転換であった。もはや、核の情報を機密にするのは無意味になったのである。

翌年三月、当時改進党の中曽根康弘代議士が原子炉購入予算として二億五千万円を上程、ほとんど審議もせずに、わずか三日間で予算化してしまった。米国が各国と原子力研究協定締結の手をのばしはじめるや、日本の産業界は、急いでグループ編成に乗り出した。

三菱系――三菱原子動力委員会。加盟企業二十七社。主要企業は、三菱重工、三菱電機、三菱原子力工業。燃料部門は、三菱原子燃料。とりまとめ商社は、三菱商事。

日立系――東京原子力産業会。加盟企業二十一社。日立製作所、バブコック日立を主要企業に、燃料部門は日本ニュクリア・フュエル（JNF）。商社は丸紅。

東芝・三井系――日本原子力事業。加盟三十三社。主要企業は、東芝電気、石川島播磨重工。燃料部門はJNF。商社は三井物産。

古河系――第一原子力産業グループ。加盟二十二社。主要企業は、富士電機製造、神戸製鋼、川崎重工業。燃料は、原子燃料工業。商社は、伊藤忠および日商岩井。

住友系――住友原子力工業。加盟三十八社。主要企業は、住友金属工業、住友重機。燃料部門は原子燃料工業。商社は住友商事。

この年、経団連や電気事業連合会などが中心になって「原子力産業会議」を発足させた。これら財界グループは、やがて米ウェスティングハウス社、ゼネラル・エレクトリック社などと組み、軽水炉をつぎつぎと輸入した。

日本の原子力産業五大グループの強みは、各グループ内に関連産業のすべてがそろっており、連けいと結束力が堅いことである。アメリカの場合は、炉と関連機器、核燃料サイクル、発電機、建設プラント・エンジニアリングの四産業領域にわかれている。日本の五大グループは、それらすべてを各グループ内で行なえるというわけだ。

さらに、日本の場合は各電力会社と企業グループのつながりがきわめて緊密である。東電と東芝・日立。関電と三菱系。東電を中心に沸騰水型、関電を中心に加圧水型という炉型に二分しているのも、じつは東芝・日立系の提携会社がゼネラル・エレクトリック社（沸騰水型）であり、関電の三菱系がウェスティングハウス社（加圧水型）と提携しているからにほかならない。

こうして日本の原子力産業は、米国の技術と枠組みに依存してすすんできた。

ウランでも首根っこをにぎられた日本

一九七七年六月、米議会は、ウランの国際カルテルを暴露した。これはメジャーの「ガルフ」と、カナダ、フランス、オーストラリア、南アフリカのウラン会社で、一九七二年から七七年までにウラン価格を自在に操作して引き上げた。つまり、メジャー主導の価格カルテルの結成である。カルテルの対象国が日本であったことに注目する必要がある。メジャーを中心とした国際的なシンジケートによって、ウランの価格はつりあげられ、日本の核燃料は石油と同様、ノド元をにぎられている。

ちなみに、メジャー各社は、いまやたんなる石油会社であるだけではない。いわば総合エネルギー商社というべきであろう。あらゆる化石燃料を一手に支配しているばかりか、ウランをはじめ、原子力開発そのものにも自ら乗り出している。たとえばガルフ社は、高温ガス冷却炉を精力的に開発している。世界を股にかけるメジャー――なかでもガルフ、テキサコ、エクソン、ソーカル、モービルの五大アメリカ系石油独占体は、世界から巨額の利益を収奪している。

電力料金のカラクリ

「安上がりで安全でクリーンな原子力」――これが原発のうたい文句だ。実際、各電力会社は原発にたいへんな入れこみ方である。本当に原発は、それほど安上がりなのか。この問題を解明するには、電力料金のカラクリをしっておく必要がある。

日本の電力は、九つの電力企業による地域独占企業によって生産・販売されている。通常、資本主義経済のもとでは、まず市場での価格がきまり、これによって各企業が販売量をはじき、その結果として最大利潤額がきまる。

ところが、電力会社に限って「需要予測」と称して、はじめに販売量をきめる。同時に「適正事業報酬」と称して、企業が得たい利潤額を勝手にきめてしまう。そのうえで、その販売量を達成するのに必要な費用を「適正価格」として計算し、「適正事業報酬」を加えて「総括原価」と称する。これを販売予定量で割り算したものが、お客である各家庭や工場の支払う電力料金の単価というわけだ。いわば〝お手盛り〟の方式である。

企業は、当然のことながら利潤を大きくとりたい。そのために電力会社は、「適正事業報酬」ができるだけ大きくふくらむような事業計画を、つねに推しすすめてきた。

「適正事業報酬」とは〝料金算定基準がさだめたレートベースの八%〟ということに法律できまっている。したがって、できるだけ高額で大型の原発をどんどん作れば作るほど、「適正事業報酬」はふえる勘定である。電力会社が、実際に必要かどうかにはおかまいなく、高い核燃料をつぎつぎと買い付け、ためこむのも、したがって即、利潤の確保につながるわけである。

〝レートベース〟とは――

・電気事業固定資産
・核燃料（装荷核燃料および加工中等核燃料）
・建設中資産（建設仮勘定の二分の一）
・特定投資
・運転資本
・繰のべ資産

以上の平均帳簿価額をいう。つまり、レートベースをふくらませれば、ふくらませるほど、利潤は大きく膨張するしくみである。

さらに、原発の経済性を診断するには、火力、水力、それぞれの発電量対比と、「レートベース」への原発の寄与率を見る必要がある。電力各社の有価証券報告書を見れば、容易にそれはわかる。九電力ごとに、その比率は異なるが、はっきりしていることは、火力、水力にたいして、原発ははるかに小さな発電実績しかもっていないことが明りょうだ。

ところが反面、その同じ原発のレートベースへの寄与率は異常に大きい。ということは、利潤確保の根拠であるレートベースをふくれ上がらせる役割を果たすものとして原発は、火力、水力よりもはるかに大きな効果をもっているということだ。まさに電力会社にとっては「原発は、またとない利潤を生んでくれる、経済性の高い発電方式」といえそうである。

それにしても、「原発が経済的」なら、世界第三位の原発保有国になったのだから、電気料金はもっと安くなって当然ではないのか。現実には電気料金は上昇をつづけ、再処理、放射性廃棄物処理、廃炉処理費用高騰などを口実に、今後さらに値上げが準備されている。

放射能と放射線

ある原子核が、放射線を出して別の種類の原子核に変化してしまう現象（放射性崩壊現象）を「放射能」という。放射能には、いくつかの種類がある。

- アルファ崩壊――アルファ線
- ベータ崩壊――ベータ線
- 核異性体転移――ガンマ線、内部転換電子、特性エックス線
- 自発核分裂――中性子線

このうち、アルファ線は、透過力が弱い荷電粒子で、空気中で二〜三センチメートル、人体内では二十分の一ミリメートルの短い飛程をもつ。その間にエネルギーは吸収されるので、アルファ線をうけた物質の損傷は大きい。

ベータ線は、速度のはやい電子の流れで、透過力はアルファ線より大きい。

エックス線とガンマ線は、電磁波と呼ばれるもので、透過性がきわめて強く、胸部レントゲン撮影や工業用非破壊検査などにも利用されている。

いずれも、色もにおいも音も味もしない、人間の目には、まったく見えないシロモノである。

「許容線量」って何だ

マスコミに公表された分だけでも、原発は、しょっちゅう、事故を起こしている。

「……外部にもれた放射能は法定許容量以下であり、住民への影響はないもよう……」「作業員の被曝線量は許容値以下であり、問題はないと見られる……」

記事の末尾に必ずつく一文である。ここには、「法律できめた許容線量とは、そのレベルまでは被曝しても大丈夫という水準のことだ」という響きがある。だが、この考えは誤りで、危険だ。

事故時でなくとも、原発からは平常運転でクリプトン85など数万キュリーの放射性物質が放出されている。再処理工場が放出するそれは数百万キュリーにものぼる。「許容量」ということばで、なんとなく許容したような錯覚をいだいてしまう。

近年、ICRPは「許容線量」という言葉は誤解を招くとして、「線量限度」という用語を使うようになった。だが、これでも誤解は招くだろう。あくまでも、それは「安全限度」ではなく、安全のための「ひとつの目安」にすぎないのだから。

政府や電力会社は、くりかえし、こう力説する。

「天然にも自然放射能がある。それに比べても、原発の放射能はまだ低い。」

「ブラジルやインドのケララ州の自然放射能の高いところでは、ガンや白血病で人がバタバタ倒れていますか。」

「あなたが病院や歯医者で撮ったレントゲンの線量に比べたら、原発の放射線なんて微々たるものですよ。腕時計の夜光塗料やカラーテレビのブラウン管だって放射線を出しているんですからね。きょうから、あなた、やめますか。」

なにやら、やっかいな対比をもち出されて、善良な国民は、ここで黙りこんでしまう。だが、すとんと胸に落ちたわけではない。そこで政府や電力会社は〝とどめ〟を刺す。

「いま、電気が停まってごらんなさい。涼しいクーラーも、テレビで甲子園の高校野球を楽しむこともできませんよ。電力は生活に欠かせない、ありがたあい存在なんです。」

「第一、石油はあと三十年もたないのですゾ。人類にとって深刻なエネルギー危機の時代ですゾ。」

「エネルギーの九割を外国に依存するわが国では、原子力以外に未来に生きのびる道はありません」などなど。

これらのPRは、いいかえれば、原子力によって社会的便益を得ているのだから、多少の放射線被曝はやむをえないじゃないか――ということであろう。このような発想は、原発の推進を至上命令とする企業の論理である。つねにゼロ被曝をめざす労働者や地域住民の願いとは無縁のものである。

企業は、労働者や住民の安全のための安全防護には費用をかけようとはしない。そこで「原発の労働者は、そこから賃金をうけとって直接的利益を得ているのだから、被曝線量が高くても当然だ」という理屈がまかり通る。実際、一般公衆の被曝限度を労働者のそれの十分の一とすべきだと勧告したICRPも、似たような発想をしている。

だが、はっきりさせておかねばならぬことは、労働者の賃金は〝被曝料〟ではない。賃金はあくまでも労働力の価格であって、労働者は放射線の危険に身をさらして体を切り売りしているのでは断じてないということだ。いったい、政府や電力企業やICRPは、被曝労働者の面《つら》の皮はそれ以外の人より十倍も厚く、丈夫にできているとでも考えているのであろうか。

人間にとって放射能からの安全限度などというものは存在しない。避けえない自然放射線以上に、不必要な人工放射線など浴びないことこそ安全にほかならないのである。

マンハッタン計画

一九四二年十二月二日午後三時二十分のことである。アメリカのハーバード大学にいたコナント博士の机の電話が鳴った。

「ハロー。」

「ついにイタリアの船乗りが、新世界に着いたぜ。」

「原住民の態度はどんなふうだい？」

「とっても友好的だよ。」

電話の主は、シカゴ大学のコンプトン博士。会話は、むろん〝暗号〟であった。シカゴ大学構内に作られた原爆製造用原子炉「シカゴパイル1号」で、世界初の核分裂連鎖反応の成功を伝える会話であった。

アメリカ政府が、ウラン235の核分裂の発見（一九三八年）にもとづいて原子爆弾製造計画「マンハッタン計画」を発足させたのは、一九四一年の暮のことだ。その直後に、プルトニウム239が発見された。アメリカ政府は、ウラン原爆の製造とともに、急遽、プルトニウム原爆の製造をも「マンハッタン計画」の中に組みこんだ。イタリアから亡命した科学者フェルミらを中心に作り上げた史上初の原子炉「シカゴパイル1号」は、やがて火入れに成功した。電話の「イタリアの船乗り」とは、フェルミら「マンハッタン計画」の科学者チームのことである。

プルトニウム239の大量生産によって、四五年七月、三個の原爆が完成した。一個がウラン原爆、二個がプルトニウム原爆だった。プルトニウム原爆のうち一個は、七月十六日、ニューメキシコ州で爆発実験がおこなわれた。

翌八月六日、ウラン原爆はヒロシマに投下されたことは周知である。つづいて九日には、すでに猛烈な威力を実証ずみのプルトニウム爆弾がナガサキに投下された。文字通りの〝生体実験〟であった。

広島で三十万人、長崎で十万人の市民を、二個の原爆は〝黄泉の国〟へ送った。いまもその爪跡に苦しみ悶える人びとを死に至らしめているだけではない。核兵器はいまや、ヒロシマ、ナガサキの数千倍、数万倍もの威力をもって、人類を滅亡させようと機をうかがっている。

「古来希なる」――誕生七十年を迎える核兵器だけは、惑うことなく廃絶しなければなるまい。

黄泉《よみ》の国の王・プルトニウム

一七八九年に発見された新しい元素ウランは太陽の惑星である天王星（ウラヌス）にちなんで命名された。ウラヌスとは、ギリシャ神話の「天の神」である。

続いてウランよりももっと重い原素（超ウラン原素）が人工的に作り出された。この元素は、天王星の次の惑星・海王星（ネプチューン）の名がとられ、「ネプツニウム」（原子番号93）と名づけられた。

太陽系の惑星は、水・金・地・火・木・土・天・海・冥（二〇〇八年、小惑星に）の順にそれぞれの軌道で太陽を回っている。海の神にちなんだネプツニウムの誕生の瞬間から、つぎの原子番号94の新元素の誕生は理論的に予測されていた。ベータ壊変をする放射性元素であるネプツニウムが、負の電荷をもつ電子を放出して放射壊変すれば、つぎの新元素ができるという理屈である。

一九四一年、理論通りに新元素が確認された。それはこれまでの命名の順序通り、海王星の次の冥王星（プルトー）の名がつけられた。プルトーは、黄泉《よみ》の国の帝王――死神にほかならない。こうして命名されたプルトニウムが、名実ともに〝死の国の王〟たる物質であることが判明したのは、アメリカの「マンハッタン計画」が発足した翌年、一九四二年のことだ。

プルトニウム239は、ウラン235と同じ核分裂性物質であることがつきとめられた。Plutonium――記号Pu。原子番号95。超ウラン原素の一つで、その放射能（アルファ放射体）の寿命は、半減期二万四千三百九十年である。

著名な科学者・三宅泰雄博士は、こう強調されている。

「原子力の利用は、プルトニウムに代表される悪魔的物質と人間とのたたかいでもある。ほんの少しの油断も、人間の側に決定的な敗北をもたらすだろう。

わが国の原子力基本法は、原子力と人間のたたかいを、人間の側の勝利にみちびくために必要な、最小限の戦略であることを知らなければならないのである。

人間が〝よみの国の王〟とのたたかいに敗れれば、人間は原子力どころか、すべてを失うであろう。

このきびしい認識と、原子力にたいし、つねに危機感を保持する努力をしないかぎり、人びとは原子力に触れてはならない。」（三宅泰雄科学論集第二巻「原子力を考える」）

〔追記〕原子力と決別し、大自然と共生の道を
――襲いくる「改憲・ファシズムの策動」に警戒を

「メルトダウン！　やはり炉心溶融だった」――核燃料が露出熔解、原子炉圧力容器の底に熔け落ち、さらに格納容器に……。

ＩＡＥＡの調査団訪日前に……というわけでもあるまいが、３・１１災害から二ヵ月以上（五月二十五日）、ようやく東電の公表資料は、事実（？）の一端を開示しはじめた。事故の実態について「ウソをついていた」のか、「状況さえ掌握できず右往左往していた」のか、いずれであれ常識では考えられない情報秘匿。東電と政府は国民に対し、まさに戦時の「大本営発表」にも似た秘密主義を貫き通した。

つまるところ、東電をはじめ国、原子力安全・保安院も原子力安全委員会も、「安全神話」にあぐらをかき、事態を甘く見、対応が後手後手になっている姿がありありと見える。と同時に、原発の技術とはまぎれもなく、これほどまでに危なっかしい、いい加減な欠陥商品だったという実証でもある。

長い間、「安全対策を何段重ねにもした〈多重防護〉」というのが国や電力が誇る公式説明だった。燃料ペレット、燃料被覆管、圧力容器、格納容器、原子炉建屋という「五重の防護」で危険な放射能物質・死の灰を閉じ込める。「国の原発安全審査」は、これを厳しくチェックしているはずだった。だが現実は、「安全」はなにひとつ保証されていなかった。それどころか、最悪の炉心溶融による放

射能汚染は外部環境へ拡がるばかり。きょう現在も、「もっと深刻な最悪の汚染」（再臨界、「チャイナ・シンドローム」）の拡大さえ危惧されている。あらゆる叡智を総動員し危機を瀬戸際で最小限に抑えねばならぬ。

しかし、「国の〈想定基準〉が甘く、東電の対応が後手後手で、秘密主義で管理がずさんだったから大事故になった」のだろうか？　否、とぼくは思う。「仮に、どこかの国が、万全の運転・管理をしたとしても、大事故は避けられないだろう」と。つまり核・原発依存路線そのものが、根源的に大自然や生命と相容れない、共存し得ない存在なのだ。核分裂による強大なエネルギー——原発と原爆は同一物であり、メダルの裏表なのだ。フクシマから拡がる放射能汚染におびえるぼくらは、新たな「ヒバクシャ」にほかならない。

ヒロシマやナガサキ、ビキニ……、度重なる悲惨な被爆（被曝）を体験しながら、その核兵器をいまだに廃絶もできず、許し続けてきた日本のぼくら。気がつき、改めてあたりを見回すと、自らの住む郷土がいつの間にか、五四基もの怪しげで居丈高な原子炉に取り囲まれた原発列島になっている。

菅首相は、かねてから大地震襲来が警告されてきた静岡県・浜岡原発の点検停止を、とりあえず中電に要請、中電もこれを受けて運転を停止させた。だが政府は、「国策」である「原発推進政策」を改めたわけではまったくない。むしろ「さらなる一四基の増設も推進中」だ。

「フクシマ」災害は、世界にも衝撃を広げている。イタリアにつぎ、ドイツも原発全廃を決め、スイスほかでも「脱原発」の動きが始まっている。日本の世論も原発について、ようやく反対四二％、賛成三四％（「朝日新聞」二〇一一年五月二十六日付。事故前の調査では、反対一八％、賛成五二％）と、初めて賛否が逆転した。外国でも「原発はごめんだ」の世論が急増しつつある。

「G8サミット」出席のためフランスに赴いた菅首相は五月二十五日、訪問先のパリでOECD（経済協力開発機構）の設立五十周年記念行事に出席し、日本のエネルギー政策について講演。国際会議での事実上の「国際公約」を表明した。日本の発電量全体に占める再生可能な自然エネルギーの割合（現在は約九％）を引き上げ、「二〇二〇年代のできるだけ早い時期に二〇％以上とする」と表明した。

いま世界で稼働中の原発は四三〇基を超える。世界最大の原発大国は米国、二位がフランス、三位が日本だ。中国、インド、ベトナム、トルコなど、あらたに導入を進めている国も多い。

ぼくは思う。重要なことは、原発事故は世界のどこで起こっても不思議ではないということである。たしかに「地震国日本だから余計に事故は起こりやすい」という一面はある。だが、地震などなくとも原発は事故を起こすのだ。中小の事故は日常的だし、なにかのきっかけさえあれば、大事故は必然的に起こるのである。そのことは米スリーマイル島原発事故後の大統領事故調査委員会「技術スタッフの報告書」（本書二一頁参照）が断言しているとおりだ。

運よく大事故に至らなかったとしても、世界の四三〇基の原発は連日、事故と背中合わせの綱渡り運転をしており、地球上のどこにも棄て場所さえない大量の「死の灰」を産み出し続けている。（原発だけでなく、放射能汚染、住民や兵士の被曝、「死の灰」処理場のない深刻さは、核保有国がフル稼働させている核兵器生産工場の原子炉や核実験場でも同様である。）

ヒロシマ、ナガサキ、ビキニ、フクシマ……と人類史上でも希有な度重なる被爆（被曝）体験をもつ日本の首相ならば、今回のG8サミットでこそ「核廃絶」と「原発との決別」を高らかに世界に宣言し、警告を発するべきである。

フクシマの危機はいまだ収束せず、安堵できる状況ではない。災害時や非常時には大きな社会不安が広がり、そこから逃れようと民衆は、強力な統率力を「お上」に待望する心理がはたらく。かたや危機感にかられた国家や権力、軍産複合体の側は、「絶好のチャンス」とファシズムを推し進めようとする。これはどこの歴史でも共通の法則である。

一九二三年（大正十二年）九月一日の「関東大震災」（死者不明一四二、八〇七人、全壊焼失五七五、三九四戸）の教訓を想起しよう。「朝鮮人が東京中に放火している」――警察権力と正力松太郎を筆頭とするマスコミによって流された「風評」デマは、都内各地で狂気のパニックを引き起こし、自警団による朝鮮人大量虐殺事件を誘発し、さらに「大逆事件」や「治安維持法」、生まれたばかりの「共産党圧殺」へ、そして「アジア侵略戦争」へと向かわせた。

念のため、「関東大震災前後の動き」を年表で確かめておこう。「一九二三年一月、菊池寛『文藝春秋』創刊。四月一日、『エコノミスト』創刊。三日、『赤旗』創刊。五日、日本共産青年同盟結成。二月二十八日、『帝国国防方針』を改訂裁可（仮想敵国を米・露・中の順とする）。三月八日、東京で初の国際婦人デー。六月五日、第一次共産党事件。九月一日、関東大震災。二日、京浜地区に戒厳令、朝鮮人暴動の流言ひろがり、市民の自警団による朝鮮人虐殺はじまる。四日、川井義虎・平沢計七ら軍隊に殺害さる（亀戸事件）。七日、支払い猶予令・暴利取締令を緊急勅令で公布。十二日、帝都復興に関する詔書発布。十三日、横浜入港のソ連救援船レーニン号に退去命令。十六日、憲兵大尉甘粕正彦ら、大杉栄・伊藤野枝らを殺害。二十七日、日銀震災手形割引損失補償令・帝都復興院官制を公布。十月五日、婦人参政権を否決。一九二四年六月十三日、築地小劇場開場。『文芸戦線』創刊。吉野作造ら明治文化研究会創立……」（岩波書店『日本史年表』から）

むろん、今回の東日本大災害・福島原発災害と関東大震災では、時代も状況も大きく異なる。けれど、そこに奇妙な連続性と共通性が、ぼくには見えるのである。

3・11東日本災害から二ヵ月の間に起こった見過ごせない現象——。

▼一つは、米軍基地の再編強化に耐えきれず集結した沖縄県民十万人の抗議集会に呼応するかのように「蜂起」したチュニジア、エジプトをはじめとするアラブ、中東、アフリカ北部の国々の「民主化を希求する市民」の相次ぐ蜂起。それに慌てた米英仏の帝国主義国が、自ら育て操ってきた傀儡リビア政権への攻撃・空爆。

▼米軍・自衛隊による大がかりな合同実地演習「トモダチ作戦」の敢行。それに絡め、米海兵隊ヘリポート基地の辺野古移設の強行通告。

▼つぎに、世界中の目が「フクシマ」に釘付けのどさくさに、米軍特殊部隊が強行した9・11事件の容疑者とされるウサマ・ビンラディンを殺害、水葬。

▼さらに、民主党が四年も動けずにいた「憲法調査会」を急遽始動させ、代表に据えた前原誠司氏がいち早く訪米、米政府の意向伺いをしたこと。

▼そして、それと共同歩調で自民党の元首相・閣僚クラスの面々が全国各地で「憲法改定」を叫んで遊説を展開していることも見逃せない。

たとえば五月二十五日、京都府・宮津会館で「JCIフォーラム」（主催・公益社団法人日本青年会議所近畿地区京都ブロック協議会。スローガン「郷土愛——誇りを胸に共に育む煌めく京都」。テーマ「誇れますか？　あなたのまち」「家庭・地域・国家について」「地域への帰属意識について」「郷土愛について」）が開催された。満席のこの集会で、安倍晋三元首相は、こう力説した。「日本は危機的状況だ。なぜこんな情けない荒れ果てた郷土・国土になったのか。原因は三つある。第一は、現行憲法がよくない。自国を防衛する行動さえ制限されている。第二は、アメリカの言いなりの日本。日米同盟でアメリカに守られているため、拉致など北朝鮮の横暴に対しても強力な行動さえ独自にとれない。第三は、日本国民の心。その価値観が我欲と儲け最優先になり、郷土愛、愛国心が失われていること」。「だから憲法改正を急がねばならぬ」と安倍は説く。

迷妄で無茶苦茶、支離滅裂な論旨。だが意図は明白だ。まさに往年のヒトラー演説を彷彿させる。だが満場の聴衆は、熱いまなざしで熱狂的な拍手を送っている。自民・民主の二大政党制による「国会劇場」だけに目を奪われていてはならないと思う。漠とした社会不安が拡がるときには、「お上頼り」や「思考停止」「ファシズム迎合」の大衆心理がはたらくのも歴史の事実である。いま、なにより大切なのは、主権者の一人ひとりが自分の頭で考え、冷静に見極め、国民的な論議と行動を展開することだと思う。そのさい、決して忘れてならないのは「憲法のこころ」、主権在民――その視点、視座である。

◆一、あくまでも住民本位の「みちのく」復興・支援を急ごう。

▽郷土を失い、いまなお修羅場で苦しむ十万人を超える被災地の人びとをあらゆる手立てで支援救援すること。あの大量の人たちは被災者であり、「ヒバクシャ」でもあり、まさに国策による「原発難民」である。

▽同時に、制御不能状態の福島原発の「イチかバチか」の暴走を食い止める徹底的な科学的対処を、全知全能を集め、最後の瞬間まで努力すること。

▽政府と東電は、被曝作業員をはじめ、すべての原発災害被災者への完全な補償と復興支援を果たす

こと。
▽すべての原発を直ちに停止・安全点検し、エネルギー政策の根幹を見直すこと。
▽政府機関とすべての電力各社は、国民に対し、正確な情報の全面開示を。
◆二、日本の安全な明日を創るには？　憲法各条を完全に活かし、実施させよう！
▽対米従属のエネルギー政策の根本的な見直し。核・原発依存路線は、きっぱりとやめること。
▽原子力の専門家組織である原子力委員会を規制機関として独立させ、監督・指導責任、権限強化を。
▽非核三原則を堅持・法制化し、東南アジアへの原発輸出・販売をやめること。
▽財界が廃止を求めている「武器輸出禁止三原則」を堅持すること。

原発に明日はない。子どもたちとともに安全に生きぬける郷土・日本を創るためにいま、ぼくら市民は何を願い行動すべきかを、しっかり見極め行動することが大切だと思う。核・原発依存は、きっぱりとやめよう。

二〇一一年五月二十八日記す

あとがき

ジャーナリストとしてのぼくの生涯のテーマは「核・原発」と「貧困」問題です。一九七四年から十数年、意識的に福島や福井県の原発銀座を歩き回りました。そこに「経済大国」を誇るいびつな現代日本の根源的な姿、その光と影が潜んでいると思えたからです。そこでの見聞・体験を著したのが『原発のある風景』（上下巻、未來社、一九八四年）と『日本の貧困』（新日本出版社、一九八五年）ほかでした。

3・11東日本災害いらい二ヵ月半、昼夜を通してTVや各紙とにらめっこすることになりました。おかげで、改めて現代日本のあるがままの現実の姿とマスメディアの功罪を再認識できました。日本と世界は、いや人類は、いま「危険な岐路に立っている」、「この国はいま、すでに戦争に引き込まれている。しかもアメリカの言いなりに」というのが、ぼくの偽りのない実感です。

連日の睡眠不足の脳裏に、なぜか松谷みよ子氏の著書『私のアンネ＝フランク』（偕成社、一九七九年）のなかの昔話「鬼の目玉」の終末の風景が浮かんできます。「……大将の鬼が……破れ鐘みてよな声だして『これで俺たちの世の中だ』て、ごんごん笑い声ひびかせたと思うたとき、辺りはぱたっと暗くなったと。娘が震えながら辺りを手さぐってみたれば、館も、若者の姿も消えて、かすかな光にうかんでいるのは、数かぎりないしゃれこうべだったてや。」

危険と欠陥だらけ、故郷をゆがめ破壊する、未来のない核と原発、そして戦争。ぼくらはいま、それを容認するのか拒絶するのか、その決断を迫られているのだと思うのです。

拙著・ルポ『原発のある風景』の増補新版を実現して下さった未來社の西谷能英社長と編集部の高橋浩貴氏に感謝します。増補新版刊行にあたり、最新で強力な科学的論説と助言を添えてくださった、「憲法9条・メッセージ・プロジェクト」（K9MP）の共同代表、安斎育郎・須田稔両名誉教授（立命館大学）に心から感謝します。また、科学的で難解な安斎レクチャーをわかりやすくまとめてくれた「K9MP」事務局の桐田勝子氏、雑務を処理してくれたいずぶち・ときこ氏、そしてさまざまな指摘と声援をいただいた「山猫軒シンポ」「K9MP」の仲間たちにも心を込めて感謝します。皆さんのおかげで、この本ができました。ありがとうございました。

二〇一一年五月二十九日記す
柴野徹夫

柴野徹夫（しばの・てつお）
1937年、京都府生まれ。新聞記者を経てフリージャーナリスト。憲法9条・メッセージ・プロジェクト（K9MP）編集統括。1981年度日本ジャーナリスト会議奨励賞受賞。著書に『原発のある風景』（全2巻、未來社、1983年）『日本の貧困』（共著、新日本出版社、1983年）『そこに原発があるけれど』（あけび書房、1988年）『京の花いちもんめ――ルポ・古都つぶしに立ち向かう市民』（共著、機関紙共同出版、1989年）『僕らが医者をやめない理由――わが街と生きる』（労働旬報社、1990年）『私たちは戦争が好きだった――被爆地・長崎から考える核廃絶への道』（共著、2000年、朝日文庫）『鬼　沖縄のもの言う――糞から金蠅』（共著、K9MP、2010年）『〔増補版〕まんが原発列島』（原作、2011年、大月書店）ほか。

安斎育郎（あんざい・いくろう）
1940年、東京都生まれ。立命館大学名誉教授、立命館大学国際平和ミュージアム名誉館長、K9MP共同代表。放射線防護学、平和学。著書に『原発と環境』（ダイヤモンド社、1975年）『図説　原子力読本――これでいいのか原子力開発』（合同出版、1979年）『放射能　そこが知りたい』（かもがわブックレット、1988年）『放射線と放射能』（ナツメ社、2007年）『〔増補改訂版〕家族で語る食卓の放射能汚染』（同時代社、2011年）『福島原発事故』（かもがわ出版、2011年）ほか。

明日なき原発――『原発のある風景』増補新版

発行――――二〇一一年六月二十日　初版第一刷発行

定価――――（本体一八〇〇円＋税）

著　者――柴野徹夫
協　力――安斎育郎
発行者――西谷能英
発行所――株式会社　未來社
〒112-0002東京都文京区小石川三―七―二
電話〇三―三八一四―五五二一
http://www.miraisha.co.jp/
Email: info@miraisha.co.jp
振替〇〇一七〇―三―八七三八五

印刷・製本――萩原印刷

ISBN 978-4-624-41092-6　C0036